NF文庫
ノンフィクション

大西洋・地中海16の戦い

ヨーロッパ列強戦史

木俣滋郎

潮書房光人新社

大西洋・地中海16の戦い——目次

写真提供／雑誌「丸」編集部

大西洋・地中海の戦い 全般図

②マタパン岬
③英空母グロリアス沈没
④ジェノヴァ砲撃
⑥スパダ岬海戦
⑦ジャーヴィス・ベイ沈没
⑧タラント湾空襲
⑨トリポリ沖海戦
⑩ビスマルク沈没
⑪PQ17船団
⑫ディエップ上陸戦
⑬ツーロン港の自沈
⑭JW51B船団
⑮ビスケー湾海戦
⑯米駆逐艦対独潜水艦

＊①は南米のラプラタ河
⑤はアフリカのダカール

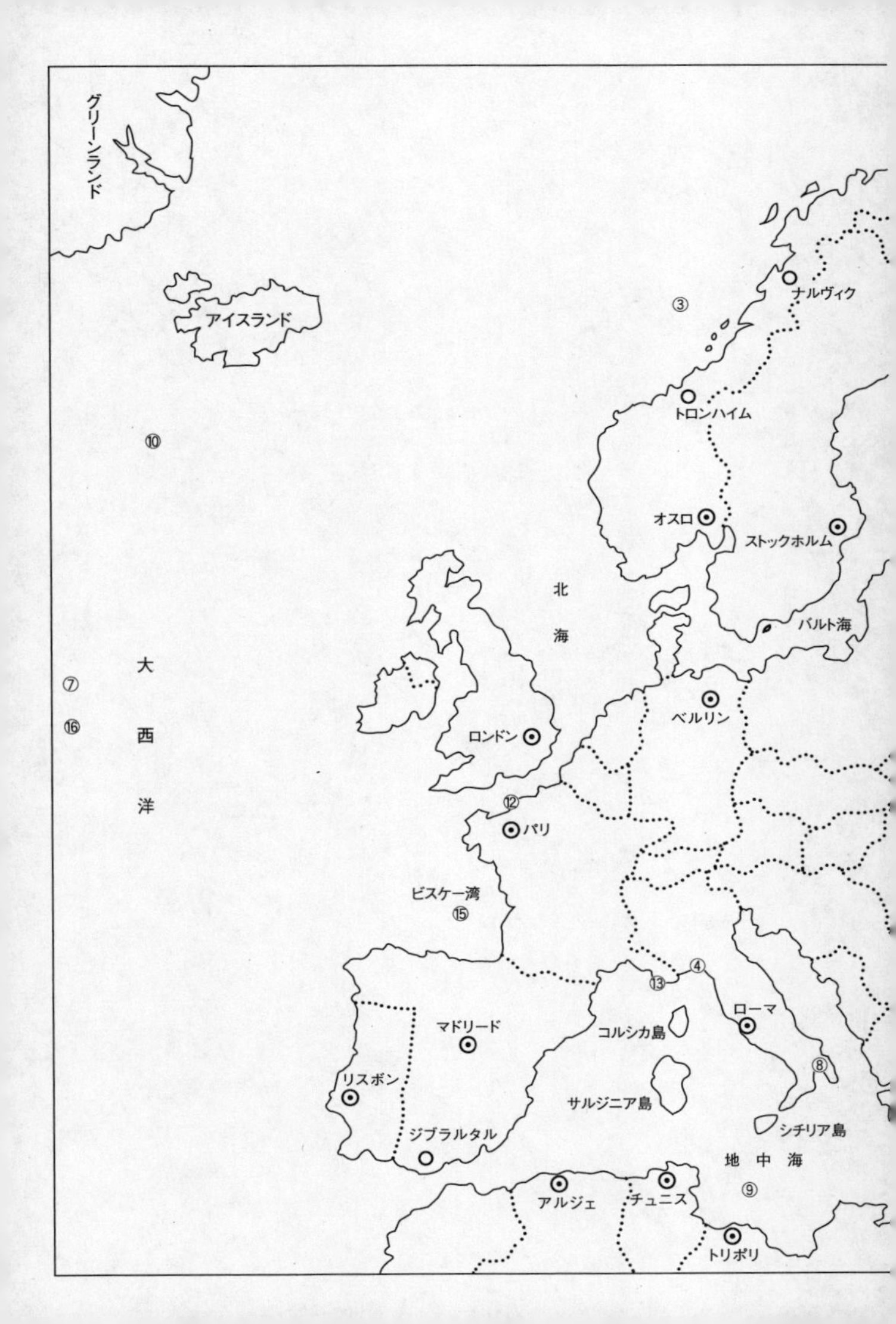
グリーンランド
アイスランド
③
ナルヴィク
トロンハイム
⑩
オスロ
ストックホルム
北
海
バルト海
大
西
洋
⑦
⑯
ベルリン
ロンドン
⑫
パリ
ビスケー湾
⑮
④
⑬
ローマ
マドリード
コルシカ島
⑧
リスボン
サルジニア島
シチリア島
ジブラルタル
地中海
⑨
アルジェ
チュニス
トリポリ

大西洋・地中海16の戦い

——ヨーロッパ列強戦史

1　ラプラタ河口の海戦

南アメリカの小国、ウルグアイ海軍の練習巡洋艦ウルグアイ（一一五〇トン）は、ひょろ長い二本煙突から真っ黒な煙をもくもくと吐き、報ぜられた決闘の場へと急いだ。

英・独の軍艦が自国の沖で戦っているのだ。沿岸より三浬以内に入ったら、「領海侵入」だ。練習巡洋艦ウルグアイはこれを監視する任務を帯びていたのである。

手負いのドイツ戦艦アドミラル・グラフ・シュペーは満月の中で、イギリス巡洋艦アキレスに追われつつ、思い出したように、二八センチ砲の斉射を浴びせながら、煙幕にかくれ、西方へ逃げている。薄闇の中で砲火のひらめきだけが一瞬点滅する。

練習巡洋艦ウルグアイの乗組員は目を皿のようにして、この決闘を目撃した。

「アキレスが領海内でシュペーを砲撃した」というウルグアイの申し立ては、のちに誤報であると判明した。

シュペーは、ついに夜十時、ウルグアイ国の港モンテヴィデオに入港した。時に一九三九年（昭和十四年）十二月十三日である。

イギリス海軍の三五パーセントしか海軍力を持たないドイツにとって、艦隊決戦は自殺にも等しい。そこでドイツ海軍首脳部は考えた。

第一次大戦で一九一四年、小型巡洋艦エムデンとケーニヒベルグの二隻が通商破壊戦に暴れ回ったとき、イギリス海軍は合計三〇隻以上の軍艦で、この二隻を血眼になって探し求めたことがある。

敵の強大な兵力を分散させるためには通商破壊のゲリラ戦に限る。だからドイツの豆戦艦は基地を遠く離れて敵の後方輸送攪乱に出掛けるよう、油の経済的なディーゼル機関を備え、一三ノットで一万八〇〇〇浬という長大な航続力を有していたのである。

ドイッチュランド、アドミラル・グラフ・シュペー（各一万四〇〇〇トン）の二戦艦は開戦前、すでに広漠たる大西洋に脱出していた。特にシュペーはＦｕＭＯ-22型という原始的レーダーを早くも付けていた。波長八一・五センチのそれは、敵艦船を一三浬先に捕捉することができた。姉妹艦のアドミラル・シェアーは機関の具合が思わしくなく、第一次の通商破壊には加わらなかった。開戦前にこの二隻を脱出させたことは極めて賢明であった。なぜなら、いざ戦端を開いてしまったら、北海の警戒が厳重になって、大西洋へ出る前に発見される恐れが多分にあるからである。

一九三九年九月三日の開戦時、戦艦ドイッチュランドは北大西洋のグリーンランド沖に、シ

ドイツ海軍の戦艦アドミラル・グラフ・シュペー。28センチ砲6門搭載。

ュペーは中部大西洋のアゾレス群島の南にあった。

ドイッチュランドはこの航海でわずか二隻（六九〇二総トン）の英船を沈めただけなのに、ハンス・ラングスドルフ大佐指揮するシュペーは、自己が沈められるまでに九隻（五万八九総トン）の英船を沈めた。

水雷科出身の彼は一年前から同艦の艦長となり、当時四十五歳の若さであり、捕獲船員に対する態度も極めて紳士的であったと言われている。

さて、長期にわたって洋上作戦を行なう場合、重油や食糧の補給は不可欠である。このためアドミラル・グラフ・シュペーには二隻の補給船が割り当てられていた。

だが貨物船エンミイ・フレデリックは十月、南アメリカの北岸において英艦クラドックに発見され、自沈してしまったので、最後まで「母艦」としての役割を果たしたのは、給油艦アルトマルク（八〇五三トン）のみであった。同艦は後年、横浜港内で爆発沈没してしまうのであるが、アルトマルクの航海については、ノルウェー沖でイギリス駆逐艦と白兵戦を交えることも含めて、いずれ他日に言及したいと思う。

さて、シュペーは一時インド洋にまで足を踏み入れて英船狩りを行なったが、十二月二日捕らえた英船ドーリック・スターだけは、

「無電を発するな!」

というシュペーの命令を無視して、勇敢にもドイツ戦艦の位置を打電した。あわれなドーリック・スターがドイツ海軍お得意の二八センチ砲で、ただちに撃沈されたことは言うまでもない。

だが「アドミラル・グラフ・シュペー近海にあり」の報は、他の英船を経由して、イギリス海軍G部隊司令ハーウッド代将の下に手渡された。

当時イギリスはフランス戦艦ストラスブール(二万六五〇〇トン)、およびフランス巡洋艦三隻の協力を得て、九つの部隊(すべて軽巡洋艦以上で合計二三隻もの大多数に上った)を編成し、ドイツの通商破壊艦を探し求めたが、G部隊とはその中の一つで南アメリカの東岸に配置されたものであった。

一年半ののちにイギリス地中海艦隊司令長官に任命されて、戦艦クイーン・エリザベスに将旗をひるがえすハーウッド代将も、この時はまだ次の四隻を指揮していたに過ぎなかった。

G部隊
重巡洋艦カムバーランド(一万トン)

〃　エクゼター（八三九〇トン）

軽巡洋艦アキレス（七〇三〇トン）

〃　アジャックス（六九八五トン）

だが一番強力なカムバーランドは、南アメリカ南端のフォークランド島へ給油に戻ってしまったので、彼は残りの三隻をアルゼンチンのラプラタ河口一五〇浬へ集結させた。

ラプラタ河口からは小麦をはじめ、各種農産物がイギリス本国へ輸出されているので、シュペーが必ずこの沖合に現われるに違いないと判断したのである。

彼の予想はピタリと的中した。

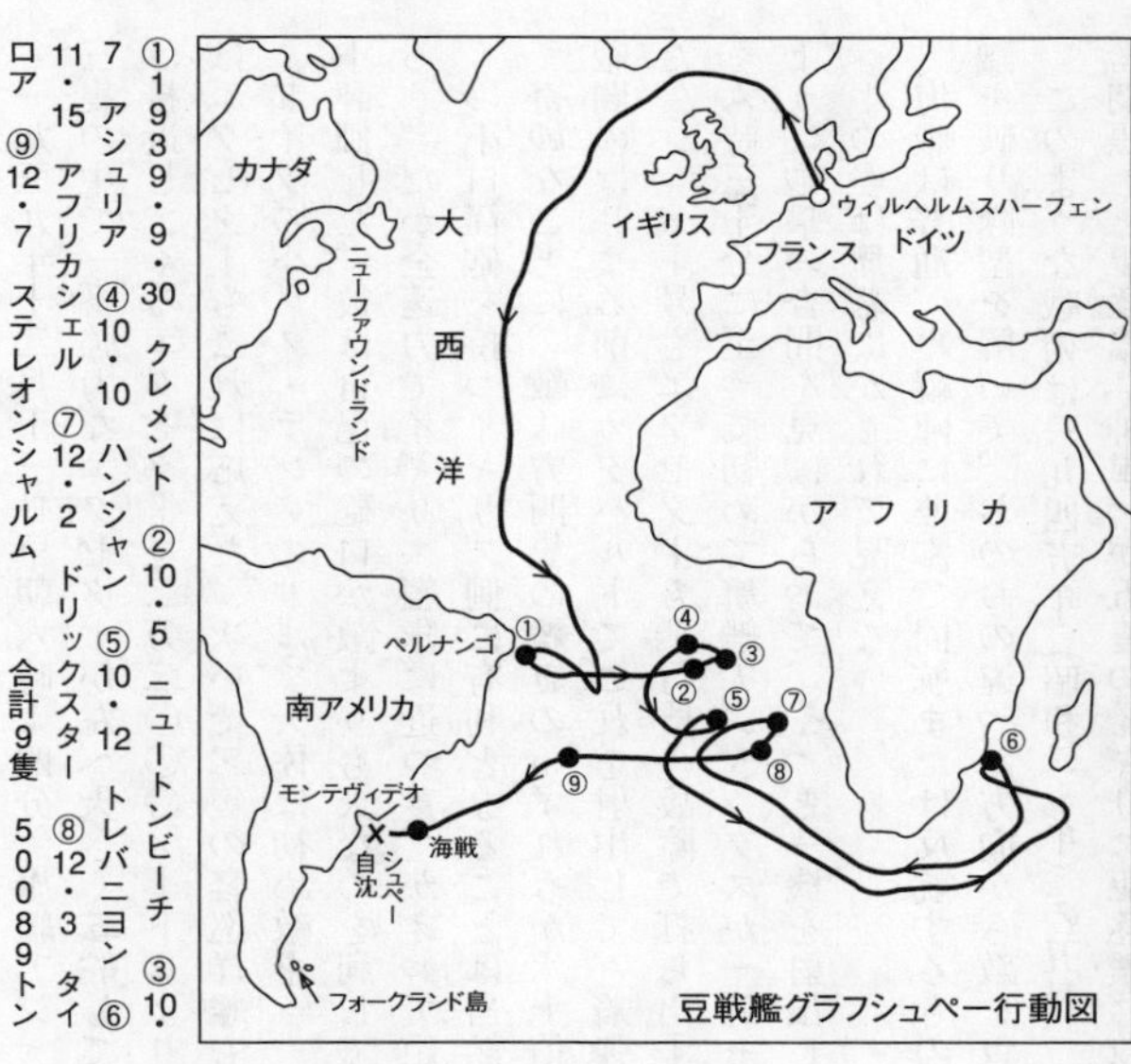

豆戦艦グラフシュペー行動図

①1939・9・30　クレメント　②10・5　ニュートンビーチ　③10・7　アシュリア　④10・10　ハンシャン　⑤10・12　トレバニヨン　⑥11・15　アフリカシェル　⑦12・2　ドリックスター　⑧12・3　タイロア　⑨12・7　ステレオンシャルム　合計9隻　50089トン

一九三九年十二月十三日早朝六時十四分、旗艦アジャックスは東方に一条の煙を認めた。三隻の中で一番強力なエクゼターが左へ大きく転舵して偵察に向かう。三分後にはシュペーは接近してくるエクゼターを二万二〇〇〇メートルより二八センチ砲で撃ち、六時二十分にはエクゼターもこれに応えた。次いで二隻の軽巡洋艦も撃ちはじめる。

ドイツのハンス・ラングスドルフ大佐は初め敵を「一隻の軽巡洋艦と二隻の駆逐艦」と過小評価した。彼は自己の砲口が敵よりも大なのを利して、遠距離戦に持ち込むべきであったろう。だが全速力でイギリス艦隊に近づき、かえって距離を縮めてしまった。こうなれば多くの小口径砲を持つイギリス側に有利となることは当然だ。

奇妙なことに、敵味方四隻の艦艇のいずれもが水上偵察機を搭載していたにもかかわらず、戦闘のはじまる前にカタパルトでこれを射出して、着弾観測に利用したものは一隻もなかった。シュペー号もエクゼターも飛行機の故障で打ち出すことができなかった。

六時三十分に至って初めて旗艦アジャックスが一五センチ砲発射の爆風で吹き飛ばされぬよう、砲撃の合間を見はからって、やっと一機を射出した。だがアドミラル・グラフ・シュペーの姿は煙幕にかくれて見えない。

海戦は普通、単縦陣に並んで同航または反航するものであるが、ハーウッド代将はこの常識を破り隊型を解いて、おのおの違った方向から敵を包囲するような陣形に入った。

このような戦術は一九四五年（昭和二十年）の五月、マレー半島ペナン沖合で、重巡洋艦「羽黒」と駆逐艦「神風」が五隻のイギリス駆逐艦に攻撃された時も、くり返された。

包囲される方にとっては、たとえ相手が劣勢艦でも、心理的に大きな不安を与えられるものだ。しかし攻撃する側にとっても、旗艦の航跡を踏んで一糸乱れず戦闘する場合と比べて、着弾観測に不都合な面があるし、余程連絡をうまくとらないと、一隻ずつ各個撃破される恐れがある。

海戦の初期、エクゼターの二〇センチ砲は早くもドイツ戦艦に命中したが、自らも二つの砲塔を破壊され、残る主砲としてわずか二門。さらに艦橋にいた将兵のほとんど全部が死傷し、もはや戦闘を続けることができなくなってしまった。同艦は六発の命中弾を受けて舵機が機能を失ってしまったので、人力操舵によりやっと方向を保つことができたほどだ。唯一の重巡洋艦は退却しはじめた。

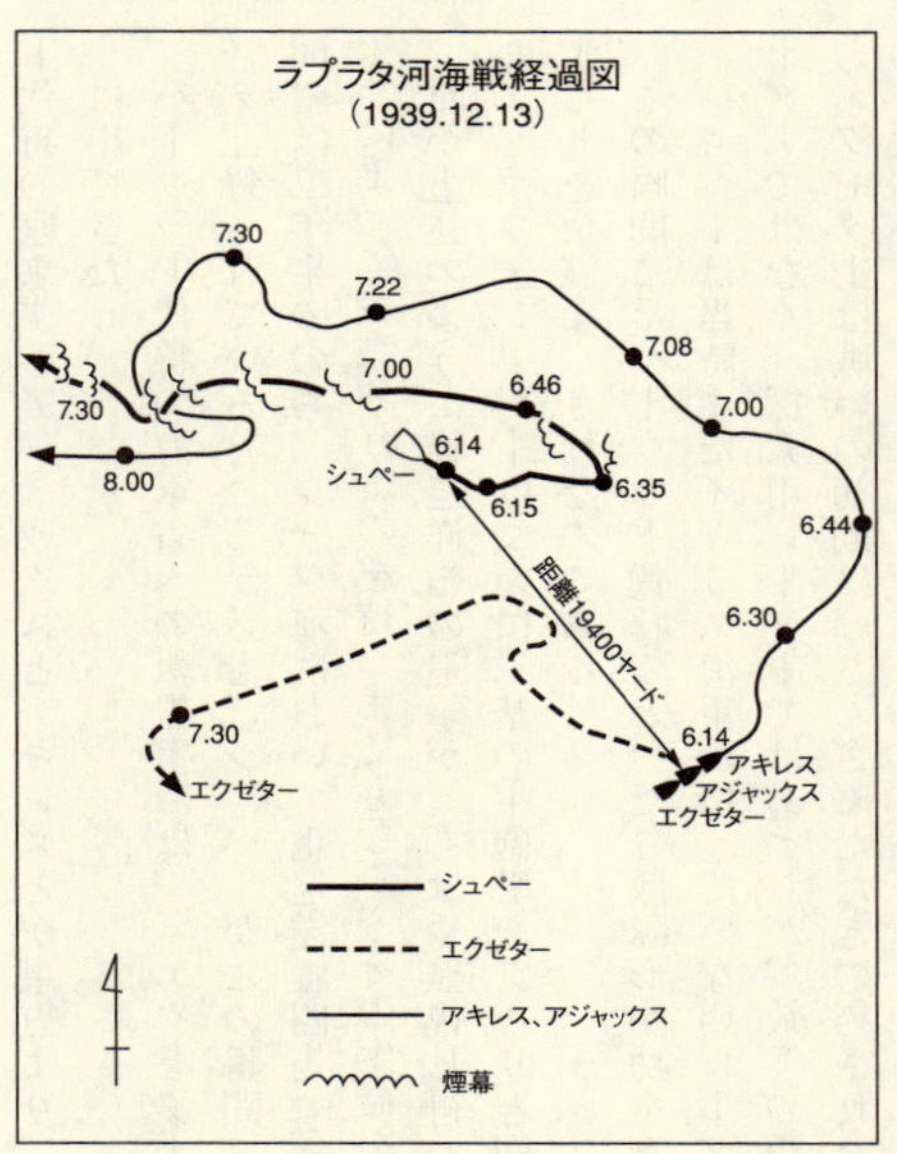

この半死半生のエクゼターに最後のとどめを刺すべく、シュペーが南へ艦首を向けた時、ハーウッ

ド代将の座乗するアジャックスとアキレスとが東方より二八ノットの速力で同艦をかばうように出てきた。

ハーウッド代将の海軍省への報告書には、「エクゼターの損傷は修理不能と思われる」とさえ記録されているところからも、シュペーがこの瞬間、最後の一撃を浴びせかけていたら、同艦は二年半ののち、ジャワ海において重巡洋艦四隻（「妙高」「那智」「足柄」「羽黒」を指す）によって殺戮されるのを待つまでもなく、その生命をとうに絶っていたことであろう。

だが上述のように軽巡洋艦の追撃が、もはや無視し得ぬほど強烈であったので、アドミラル・グラフ・シュペーはついに二基の主砲塔をクルリと回転させ、目標を軽巡洋艦の上に移すことを余儀なくされたのである。

この瞬間こそハーウッド代将のとった分散隊形が功を奏したのである。

シュペーは当時まだイギリス海軍が持っていないレーダーを有していた。それは射撃用レーダーではなく、探索用レーダーではあったが、敵との距離を知るのに十分であった。だからエクゼターは戦いの初期に、さんざんたたきのめされた訳だが、このころになるとさしものシュペーの射撃も次第に正確さを失うに至った。

この数ヵ月ほどあとに発行されたドイツ側の海戦記事の中に、「イギリス海軍の重巡洋艦エクゼターは卑怯にも、国際法上禁止されている毒ガス弾を使用した。このため、シュペーの水兵たちは息が苦しくなり、はげしい涙と咳に妨げられて戦闘を継続することができなくなった。……」とある。

けれども恐らく毒ガス弾ではなく、ドイツ戦艦が被弾によって火災を発生し、火災による悪性ガスや煙に巻かれたものであろう。

とはいうものの、さすがに戦艦だ。シュペーの二八センチ砲弾一発が、アキレスの主砲射撃指揮所を破壊した。のちにインド海軍のデリーとなったアキレスは、これにも屈せず「ギリシャ神話の英雄アキレス」さながらの奮戦を続け、第二指揮所を利用して一五センチ砲弾を送り込んだのである。

六時四十分より戦闘はターニング・ポイントに達し、かなりの傷を負ったシュペーは退却しはじめた。

すでにエクゼターは落伍し、二隻のイギリス軽巡洋艦は、すかさずこれを追跡する。二四分後、旗艦アジャックスは転舵しつつ、八〇〇〇メートルより五三・三センチの魚雷を発射した。シュペーは目ざとくこれを発見、一三〇度転針してこれを避けた。

この時である。ハーウッド代将の座乗するアジャックスは後部砲塔を撃ち抜かれ、一五センチ砲は余すところ三門しか撃てなくなってしまった。

他方アキレスは八門全部の砲を用いてシュペーとわたり合っている。

ドイツの豆戦艦は艦尾甲板に、駆逐艦のような回転式五三・三センチ魚雷の発射管八門を装備している。一般に戦艦の発射管は水中固定式発射管なのだが……。今や距離七〇〇〇メートルにせまったのを見て、シュペーもこれを発射した。

たまたま上空にあったアジャックスの水上偵察機がこれを発見、通告したので二隻の軽巡洋艦は敵に艦首を向けて回避した。

アドミラル・グラフ・シュペーは、もうもうと火災を起こしながらも煙幕を張り、時々思い出したように三門の後部主砲より撃ってくる。ハーウッド代将は考えた。

「近距離戦では砲弾の発射速度があまりに早いため、弾薬が欠乏してしまう。だから、夜になるのを待って魚雷攻撃を加えてやろう」と。

そのような考慮から彼は七時四十分、ついに戦闘を中止したのである。

シュペーは五〇〇キロかなたのウルグアイ国の港モンテヴィデオへ二二ノットの速力で向かい、二隻のイギリス軽巡洋艦はそれぞれ斜め後方二五キロからこれを監視し続けた。

手負いのシシを逃がしてはならない。

夜のとばりが南大西洋に降りると視界が悪化し、敵を見失うことを恐れたハーウッド代将はアキレスをして尾行させ、自らは南西へ向かって河口を監視した。

シュペーは追跡者がアキレス一隻のみと知るや、再び砲撃を開始したが、結局振り切ることができないと覚って諦めた。ウルグアイ海軍の練習巡洋艦ウルグアイが目撃したのは、ちょうどこのころだった。

やがて、ドイツ戦艦アドミラル・グラフ・シュペーは、ウルグアイの首都モンテヴィデオに入港し、二隻の損傷したイギリス軽巡洋艦は同艦の出港を港外で待ちかまえていた。

モンテヴィデオ港では大騒ぎとなった。

ハーグ国際条約、第一三条には、「中立国港マタハ領水内ニオケル交戦国軍艦ノ停泊ハ二四時限ニ制限セラルベシ。タダシ、当刻軍艦ガ破損ノタメ出港シ得ヌトキハ、中立国ノ同意ノ下、更ニコレヲ延長スルコトヲ得」という一条がある。シュペーはすでに大破している。この修理のため在泊時間は長ければ長いほどよかった。

ドイツ外交官の懸命の努力により、二四時間のほか、さらに七二時間の滞留をウルグアイ政府から認可された。ところがイギリスもこの処置に別段、異議を申し込まなかった。なぜならば、もしシュペーが死にもの狂いで出撃してきたら、港外で見張中の二隻の損傷した軽巡洋艦など返り討ちに合ってしまうかも知れない。

今や各地に散在するイギリス艦隊は、全速力でラプラタ河口（ここにモンテヴィデオ港がひょろ長く横たわっているのだ）に集中しつつあった。だから時間がたてばたつほど、事態はイギリス側に有利に展開するのに対して、シュペーは相変わらず孤独のままなのである。

ハーウッド代将のG隊の一隻、重巡洋艦カムバーランドは海戦の時、南アメリカの南端フォークランド島沖で補給中だったが、戦闘中の混乱した無電を受信し、「何かあったに違いない」と取るものも取りあえず駆けつけてきた。同艦の到着で二隻の軽巡洋艦は安堵の胸をなでおろした。

このように緊迫した空気の中にあって、艦長ハンス・ラングスドルフ大佐はヒトラー総統あて、最後の指令を仰いだ。けれども、これに対するヒトラーの回答は、大戦艦ビスマルクの場合と同様、極めて冷酷なものであった。

「あらゆる手段を尽くして、中立国水域における時間の延長をはかるべし。ウルグアイ国に抑留されてはならぬ。もし可能ならばアルゼンチンのブエノスアイレス港へ脱出せよ。自沈に際しては完全にシュペーの船体を破壊せよ。余はラングスドルフ大佐の健闘を祈る」

ヒトラーがブエノスアイレスへの脱出をほのめかしたのは、同港がモンテヴィデオ港より目と鼻の距離にあり、同じ中立国でもアルゼンチンはドイツにやや友好的な傾向を帯びていたからである。

けれども結局、それはとても不可能な事と判明した。ドイツ戦艦の砲術長は司令塔から、自己の強敵なる巡洋戦艦レナウンが港外に到着したのを発見したのである!

これはドイツ側を愕然とせしめ、また、大いに失望させた。実際、レナウンは航空母艦アークロイアルと共にはるかブラジルのリオデジャネイロ沖を南下中だったのであるが、彼の誤認は状況判断をより悲観的なものとしてしまった。

「もうだめだ。最後の望みも失われた」

ついに期限の切れた十二月十七日午後六時半、あわれなシュペーは重々しく錨を上げた。負傷者を病院に送り込み、約七〇〇名の戦闘員を、ちょうど港内にいたドイツ油送船タコマ号に移し、わずか一五〇名の機関、航海科の一部将兵の手により、死への航海が開始されたのである。商船タコマ号も自沈するシュペーの乗組員を収容するため、戦艦の後ろを小羊のようについて行った。

波止場にむらがる山のような群集は興奮のうちに小さくなって行く二隻の後ろ姿を、好奇

1939年12月17日、モンテヴィデオ沖合で自沈した戦艦グラフ・シュペー。

心と同情の目をもって見守った。

二隻がのろのろと出てくるところを軽巡洋艦アジャックスの水上偵察機が発見し、三隻に増強されたイギリス巡洋艦は、ただちに戦闘準備を整える。

だがその必要もなかった。港外に出たシュペーはエンジンを止めた。やがて火薬庫に装置した時限爆弾により、一大轟音をあげて真っ二つに折れたのである。

時に十二月十七日午後七時二十八分。火災はあたりを赤々と照らしたが、浅海のため完全に沈みきれず、破壊した上甲板は醜く海面に顔を出している。

自爆直前にシュペーを脱出したラングスドルフ大佐以下は自国沿岸線警備のため、自沈の現場にやってきたアルゼンチン海軍の海防艦リベルタッド（二五九五トン）に拾い上げられてブエノスアイレスに連行され、さらに、ドイツ商船タコマ号はウルグアイの練習巡洋艦ウルグアイによって抑留された。

ドイツに好意的なアルゼンチンに部下の抑留され

たのを見とどけたラングスドルフ大佐は「シュペー自沈の全責任は余の上にある」と遺書を残し、ピストルで頭を撃ち抜いて自殺し果てた。

ラプラタ河口の戦いは従来、海戦の王者とされていた戦艦を、劣勢艦たる巡洋艦の集団が打ち破った点に意義がある。

同艦の最期でショックを受けたドイツ海軍は、同様な使命を執行中の豆戦艦ドイッチュラントに至急帰還を命じたほどだ。ともあれ、アドミラル・グラフ・シュペーの悲壮な最期は、今もなお人の涙をさそわずにはおかない。

2　マタパン岬の海戦

第二次大戦中、ジェットランド海戦の縮小版ともいうべきものに、マタパン岬の大海戦があった。もちろん大海戦といっても戦争末期のアメリカ大機動部隊に比べれば小規模なものだが、両軍共に戦艦よりなる本隊と、巡洋艦よりなる偵察艦隊によって構成され、しかも艦隊決戦に終始したことは、第二次大戦の海戦史に異彩を放つクラシックな戦いであろう。

本海戦はジェットランド以後、初の大規模な夜戦であり、かつ艦隊決戦における航空母艦の有用性を如実に立証した戦いでもあった。

一九四一年（昭和十六年）初春、イタリア軍はバルカン半島に侵入し、またドイツは地中海を越えて北アフリカに陸軍を送っていたころだ。従ってこれら地中海の補給線をめぐって小競り合いが何回となくくり返されていた。

一九四一年三月二十七日、ギリシャ向けのイギリス船団を攻撃すべく、イタリア艦隊はナポリ、タラント、ブリンディシの各軍港から出撃し、次の二つの艦隊に分かれてムロ岬沖九五キロを航行していた。

1偵察艦隊

司令官カッタネオ提督

第一巡洋艦隊

重巡洋艦ザラ（一万トン）（旗艦）

〃　ポーラ（〃）

〃　フィユメ（〃）

第四駆逐隊　四隻

第八巡洋艦隊

軽巡洋艦ルイギ・ディ・サヴォィア・デュカ・デグリ・アブルツィ（七八七四トン）

ジュゼッペ・ガリバルジ（〃）

第二駆逐隊　二隻

2主力本隊

司令官イアッチノ提督

戦艦ヴィットリオ・ヴェネット（三万五〇〇〇トン）（旗艦）

第十三駆逐隊　四隻

第三巡洋艦隊

重巡洋艦トリエステ(一万トン)

トレント(〃)

ボルザノ(〃)

第十二駆逐隊　三隻

この日、地中海はめずらしく荒れて、両隊は互いにその姿が見えぬほど離れていたが、午後十二時二十五分、本隊の重巡洋艦トリエステが二〇ノットで前進中、イギリスのサンダーランド哨戒機に追跡されているのに気がついた。

「優勢なるイタリア艦隊東南に向かう!」

このニュースは、エジプトのアレキサンドリア軍港にいたイギリス地中海艦隊司令長官ジョン・カニンガム提督に、ただちに手渡された。

彼はイタリア艦隊の目的が、ギリシャ援助のため、エジプトから出かけたイギリス輸送船団AG9の攻撃にあるか、あるいは北アフリカ向けのイタリア船団の援護にあると判断した。もし前者であったら船団の全滅は必至である。ただちに彼は旧式戦艦のワースパイトに将旗をかかげて抜錨、北西に向かった。

その指揮する艦隊は次のとおりである。

主力本隊

戦　　艦ワースパイト（三万六〇〇〇トン）（旗艦）
〃　　ヴァリアント（　〃　）
〃　　バーラム（三万一一〇〇トン）
航空母艦フォーミダブル（二万三〇〇〇トン）
第十駆逐隊　四隻
第十四駆逐隊　その他、五隻

さらに勇将カニンガムは、ギリシャのピレウス港にいたプライドハム・ウィッペル提督に、ただちにイタリア艦隊を捕捉するよう命令し、また船団AG9には、そのまま航路をとってピレウスへ向かうふりをさせ、夜になったら反転、全速力で引き返すよう命じた。
ウィッペル中将の偵察艦隊は次のとおりである。

軽巡洋艦オリオン（七二一五トン）（旗艦）
〃　　アジャックス（六九八五トン）
〃　　パース（七〇四〇トン）
〃　　グロスター（九三〇〇トン）
第二駆逐隊　四隻

このうち三番艦のパースにはオーストリア海軍の水兵が乗り込んでいる。

両軍の距離は刻々と迫ってくる。夜十時、イアッチノ提督は敵の空襲を恐れて、偵察司令官カッタネオ提督に本隊に合流するよう命じた。

このようにして三月二十七日の夜は何事もなく過ぎて行った。嵐の前の静けさである。

二十八日払暁、航空母艦フォーミダブルは四機の複葉のアルバコア雷撃機と、これも二枚翼、固定脚のソードフィッシュ雷撃機を発進させて敵艦隊を捜索させた。

そして彼らの発見したイタリア艦隊に向け、二機のファルマー戦闘機に守られたアルバコア雷撃機六機が航空母艦より飛び立った。これに反して航空機を持たないイタリア艦隊は、まだイギリス艦隊の正確な位置や兵力を知らない。

途中、二機のドイツ急降下爆撃機と出合ったファルマー戦闘機は、その一機を撃墜し、雷撃機は四隻の駆逐艦に守られた新戦艦ヴィットリオ・ヴェネットに襲いかかった。

七二〇〇メートルから海面すれすれに魚雷を投下するイギリス機に対して、戦艦は三八センチ砲弾を海面にたたき込み、その水柱と爆風とで雷撃機を転覆させようとしたが、ついに命中魚雷一本を数えるに至った。

ちょうどこの時、クレタ島のマルネ飛行場から応援に駆けつけたソードフィッシュ雷撃機三機が、近くの重巡洋艦ボルザノを雷撃したが、三本とも巧みな回避に合って命中しなかった。

空襲が終わったころ、イギリスの偵察艦隊とイタリア艦隊とは、クレタ島沖一〇〇浬でついに遭遇、ここにマタパン岬の追撃戦の幕が切って落とされたのである。

三月二十八日早朝七時四十分、先頭のイタリア重巡洋艦トリエステは、イギリス巡洋艦隊を水平線のかなたに発見した。

この時イギリス軽巡洋艦はオリオン、アジャックス、パース、グロスターの順に単縦陣に並んで、イタリア艦隊の東南六五キロにあり、さらにその東南一五二キロには航空母艦をともなったカニンガム提督が、旧式戦艦三隻を率いて戦場へと急いでいた。

およそ偵察艦隊の任務は敵の位置や兵力をいち早く発見し、本隊の方におびき寄せることにある。ウィッペル提督は第一次大戦のジェットランド海戦でも、ドイツ艦隊をイギリス本隊に誘導した経験のある老練な司令官である。

一方、戦艦を守っていた血気にはやるイタリア重巡洋艦は、相手が自分より弱い軽巡洋艦であり、しかもアレキサンドリアへ向けて退却中であると判断したので、新戦艦の到着まで待てというイアッチノ提督の命令を無視して「逃げる囮（おとり）の兎」に向かって全速力で追撃しはじめた。

三〇分後、ついにトレント、トリエステ、ボルザノの三隻のイタリア重巡洋艦は、二三〇〇〇～二七〇〇〇メートルで砲撃を開始した。イギリス側もすぐ、これに応える。

約三〇分の緩慢な中距離戦。だが次第に、うすい霧がかかり、視界がせばまったので、イタリア重巡洋艦は砲撃を中止し、引き返した。折角の獲物に逃げられては仕方がない。

今度は逆にウィッペル提督のイギリス軽巡洋艦がグルリと反転してイタリア艦隊を追い、

イタリア海軍の戦艦ヴィットリオ・ヴェネット。38センチ砲9門を搭載。

敵の注意を自分に引きつけておいて、味方戦艦の到着まで時を稼ごうとした。

まさに主客転倒である。だから結果的には、イタリア第三巡洋艦隊の行動は、かえって囮としての敵を味方の本隊に、引きずり込むという有意義なもので、この時、戦艦ヴィットリオ・ヴェネットは北方より懸命に南下しつつあった。

十時五十八分、イギリス軽巡洋艦四隻は、突然身近に迫った大口径砲の水柱にハッとした。ついに竣工後一年にも満たない新戦艦が二万七〇〇〇メートルより撃ちはじめたのだ。イギリス艦隊からは北方のヴィットリオ・ヴェネットが見えないのだ。

戦艦の射撃は、先の重巡洋艦のそれよりも照準が正確で、あわてて転舵、東南に逃れようとするイギリス偵察艦隊を追い続け、旗艦のオリオンなど跨弾（前後、あるいは左右に敵弾が落下して自分がその間にはさまれること。あと一息で命中の状態）された。

もちろん逃れながらも四隻のイギリス軽巡洋艦も一五・二センチ砲で応戦する。

ところがこの最中、軽巡洋艦グロスターがエンジンにちょっとした故障を起こして僚艦よりおくれ、敵戦艦の砲火がこれを狙いはじめたので、駆逐艦ハスティ（一三四〇トン）は煙幕を張って援護した。駆逐艦は、他の味方巡洋艦をも煙幕でかくそうとしたが、何しろ三一ノットの高速力で突っ走っているので、風のため、なかなか思うように行かない。オリオンはついに至近弾で、ごく軽微な傷を負った。

このままの状態がもう三〇分も続いたら、結果は火を見るより明らかである。だがウィッペル提督は、後方より駆けつけた援軍によって、危うく命拾いした。

それは最新鋭の航空母艦フォーミダブルからの三機のアルバコア、二機のソードフィッシュ雷撃機と護衛のファルマー戦闘機二機であり、十一時十五分、イタリア新戦艦とその四五キロ先方、両舷にそれぞれ一隊ずつ並んだ敵巡洋艦隊に殺到した。

この第二次攻撃では一発の命中魚雷をも得ることができなかったが、味方巡洋艦の危機を救ったことは、大手柄であった（通説では魚雷一本が命中したといわれているが、これは誤報らしい）。

この小隊のアルバコアの編隊長機が撃墜されたほか、六機とも無事にフォーミダブルの飛行甲板に着艦した。

一方、イタリア空軍のSM-79雷撃機二機も、先のイギリス第二次攻撃隊が航空母艦より発進しかけた絶好のチャンスをとらえて、フォーミダブルを低空から雷撃しようとしたが、護衛の駆逐艦二隻の防御砲火に驚いて一八〇〇メートルより魚雷を投下した。もちろん、こ

イタリア戦艦から味方重巡をまもるため、煙幕を展張する英海軍駆逐艦。

んな遠距離からでは命中する筈がない。

　さて危うく虎口を脱したウィッペル中将は、味方機の攻撃に邪魔にならないように砲撃を中止し、本隊と合流して再びその先陣となり、退却しはじめたイタリア艦隊を追撃した。

　イタリア艦隊も空襲のため、獲物を逸したのを残念に思いながらも北西へ転じ、予想される今後の航空攻撃を恐れて以後の海戦を諦め、本国に艦首を向けた。時に十一時三十分。

　これをもって午前の偵察戦は終了するのである。

　すでに二十八日午後までには両軍共に巡洋艦隊は本隊に合流していた。

　カニンガム提督は自分より高速力で逃げて行くイタリア艦隊に追いつくためには、航空攻撃で敵の逃げ足を遅らせるほかないと判断し、午後になるとすぐクレタ島のソードフィッシュ雷撃隊（これは航空母艦イラストリアス〈二万三〇〇〇トン〉が修理中、その飛行機を遊ばせないように、一時的に基地に配属させたものである）とギリシャを基地とするイギリス空軍にも出動を請い、また六機のアルバコア、二機のソードフィッシュ雷撃隊を、フォーミダブルより発進させた。クレタ島からのソードフィッシュ二機に導かれたこの編隊は、三時二十分、敗走中のイタリア艦隊を襲い、魚雷一本を新戦艦の左舷スクリューに命中させ、艦尾に約四〇〇〇トンの水を浸水させた。ここためヴィットリオ・ヴェネットは速力一六ノットに低下し、一時間四〇分後になっても、やっと一九ノットしか出ない有り様だった。

その後イタリア艦隊は、今後に予想される空襲に備えてザラ以下の第一巡洋艦隊、アブルツィ以下の第八巡洋艦隊を傷ついた戦艦の右舷一〇〇〇メートルに、またトリエステ以下の第三巡洋艦隊を左舷におき、さらに駆逐艦をしてその周りにグルリと円陣を作らせ、この防空配置についたまま退却した。

すると、予想通り夜七時半、再び空襲がはじまった。艦隊は必死に三七ミリの対空機関砲で応戦しつつ、煙幕を張り、ジグザグコースをとって防戦にこれ努めた。

一方、イギリスの雷撃機隊も夜間攻撃による衝突を防ぐため、今回は一定の方向から順番に雷撃を敢行したので、敵の集中砲火は浴びるが、回避を容易にした。

それはのちに捕虜になった重巡洋艦ポーラの艦長ピサ・デスピニ大佐が、

「ほとんど零距離まで近づいて魚雷を発射する、こんな勇敢な雷撃を見たことがない」

と述懐するほどの肉薄ぶりであった。

この攻撃では、戦艦は何らの損害を受けなかったけれど、イアッチノ提督は重巡洋艦ザラ

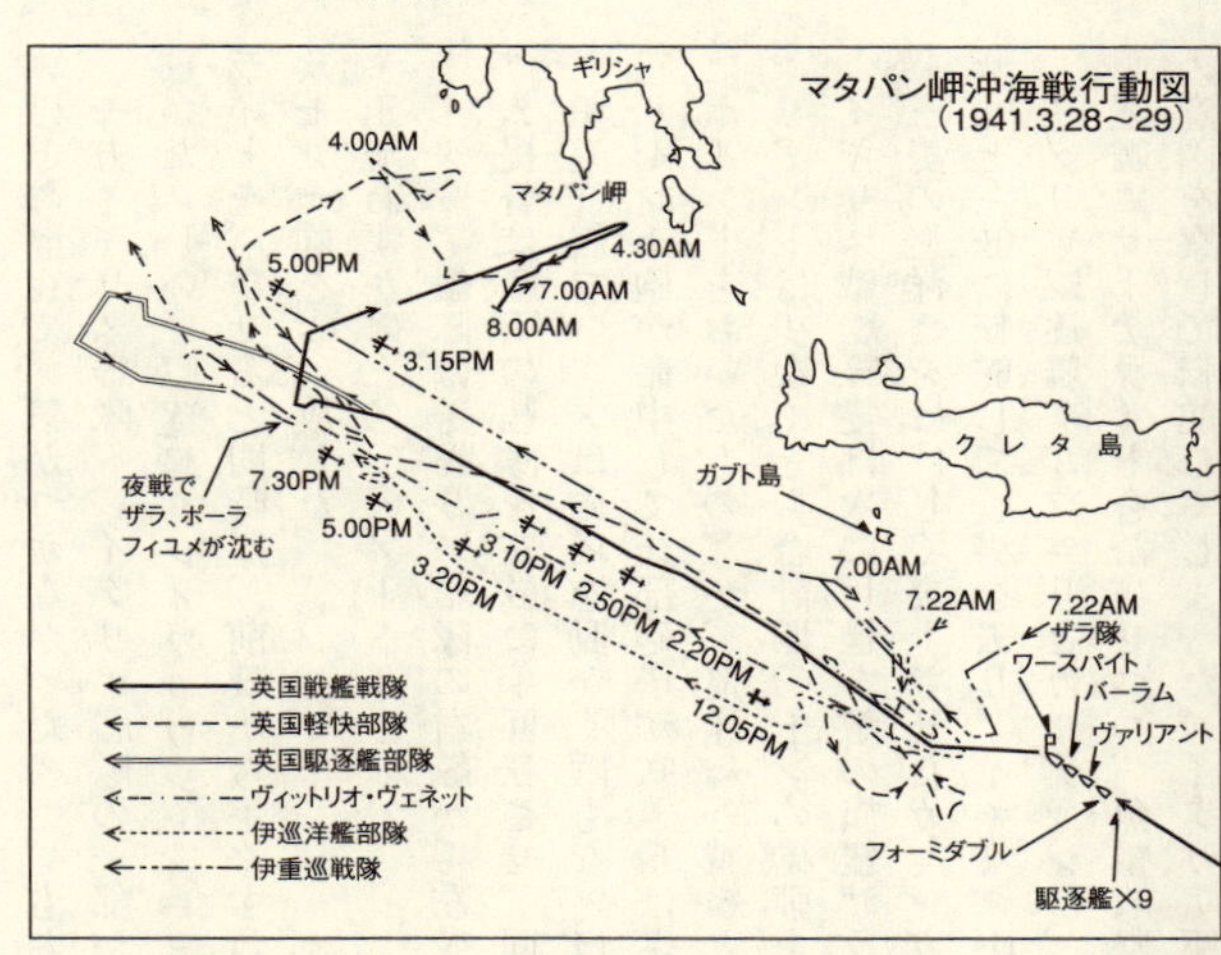

より「重巡洋艦ポーラ、魚雷一本を受け航行不能なり」の無電を受け取った時、顔色が変わった。なぜなら、イギリス戦艦がもうすぐそばまで迫っているからだ。彼はザラに座乗している偵察艦隊司令長官カッタネオ提督に、重巡洋艦フィユメと駆逐艦ヴィットリオ・アルフェリ、ギオスエ・カルデッシ、アルフレド・オリアニ、ヴィンツェンツィオ・ギオベルティ（駆逐艦は四隻とも一七二九トン）の六隻を率いてポーラを守り、現場に残るよう命じ、自らは残余の艦隊を率いて一九ノットで本国に向けて一目散に退却した。

エンジンの停止したポーラを曳航しようとあせっていた重巡洋艦ザラとフィユメは、二十九日夜零時二十五分、突然闇の中から現われた三隻のイギリス戦艦に肝をつぶした。同夜は月もなく鼻をつままれてもわからないほどの闇夜で、気がつかなかったのだ。もちろんまだレーダーなどできていない。

一方イギリス艦隊も、イタリア艦隊の一部がまだこんなところに残っていたので、かなり驚いたらしい。駆逐艦グレイファウンド（一三三五トン）がフィユメにパッと一条のサーチライトを浴びせると同時に、前日から手ぐすねひいて待っていた旧式戦艦ワースパイトが三八センチ砲をぶっ放した。

距離わずかに三〇〇〇メートル！

イタリア艦隊はイギリス艦隊の右舷から左舷にかけて、T字型に並んでいたので、カニンガム提督は麾下の艦隊を左舷に半回転させ、同航戦に入った。

重巡洋艦フィユメは砲塔を動かく暇もないほどはげしく直撃弾を浴び、少なくとも七発の三八センチ砲が命中して後部砲塔が吹き飛ばされた。大体この級は速力を犠牲にして防御力にポイントをおいたものだが、巡洋艦と戦艦とではははじめから勝負にならない。旧式戦艦ヴァリアントは少なくとも合計四〇トンの砲弾を送り込んだ。

イギリス戦艦三隻は次に目標を敵の旗艦ザラに移し、これもまたたくまに大破した。

三隻の巡洋艦をはげしく炎上させたカニンガム提督は、イタリア駆逐艦の奇襲を防ぐためサッと左舷に転舵して戦場を去り、イギリス駆逐艦に戦果の拡大を命じた。

イタリア駆逐艦アルフェリとカルデッシは、けなげにも味方巡洋艦を救おうと、イギリス駆逐艦にサーチライトを浴びせつつ、魚雷攻撃を行なおうとしたが、敵駆逐艦はただちにその意図を察して転舵してしまった。イタリア駆逐隊の旗艦であるアルフェリのみは、チャンスをとらえて三本の魚雷をやっと発射した。

だが偶然にも、ちょうどこの時、イギリス駆逐隊は自己の砲撃に都合のよいように舵を引いたので、アルフェリの苦心は水泡に帰した。

イタリア駆逐艦オリアニとギオベルティは、いち早く遁走したので助かったが、最後まで職務に忠実だったアルフェリはイギリス駆逐艦グレイハウンド、グリッフィン（共に一三三五トン）、ハヴォック（一三四〇トン）とスチュワート（一五三〇トン＝オーストラリア海軍所属）の四隻の集中砲火を浴びて沈没し、同じくカルデッシもハヴォック、ヌビアン（一八七〇トン）、ジャーヴィス（一六九〇トン）の三隻より袋だたきに遭い、煙幕にかくれて逃れんとしたが、これもまた撃沈されてしまった。

もはや単なる浮いている鉄屑と化した重巡洋艦フィユメは、夜十一時十五分、イギリス駆逐艦ジャーヴィスの魚雷によって転覆し、ザラは二十九日の夜明け二時半、同じくジャーヴィスによって処分された。

一方、僚艦を悲劇に誘い込んだ問題の重巡洋艦ポーラのみは、数キロ先に傾きながら、ほんの数発応戦しただけで大破し、分隊から離れて駆けつけた勇敢なイギリス駆逐艦ハヴォックに艦尾を雷撃されながらも、一対一の小口径砲戦を展開している。やがて至近距離で砲弾と魚雷を使い果たしたハヴォックは、第十四駆逐隊の旗艦ジャーヴィスと交代した。

ポーラがフォーミダブルの雷撃機に機関をやられて電源が故障し、砲塔を動かすことができないと知ったジャーヴィスは、うまく敵砲塔の死角を利用して、舷側を傷ついたポーラに横づけし、降伏した艦長ピサ・デスピニ大佐以下一三六名を捕虜とし、イタリア駆逐隊と交戦して駆けつけてきた駆逐艦ヌビアンと共に、ポーラに魚雷で最後のとどめを刺した。だから落伍の張本人が結局、一番長く生きのびたのだ。

イタリア水兵の救助作業中、イギリス艦隊は何回となくドイツ急降下爆撃機に狙われたので、カニンガム提督はその海面の位置を、わざわざ敵イタリア海軍に打電して引き揚げた。この厚意に感謝しつつ、イタリア海軍省はタラント軍港より病院船グラディスカ号を派遣したという美談さえ語り伝えられている。

翌日、イギリス空軍は大規模な航空索敵を行なったが、イタリア艦隊の影さえ発見できなかった。

この海戦は全くのワンサイドゲームである。イタリア重巡洋艦三隻、駆逐艦二隻を失ったのに対して、イギリス側はごくわずかな航空機を失い、軽巡洋艦オリオンがかすり傷を負っただけだから、まさに奇跡的な勝利であった。また、イギリスが空軍と母艦機とを巧みに利用したのに、優勢なイタリア空軍はほとんど傍観しており、艦隊も一発の命中弾さえ送っておらず、戦意を欠き、ともすれば逃げ腰になる傾向さえあった。

マタパン岬の海戦は、多くの興味ある問題を残したが、これらはいくら研究しても、研究し過ぎることはあるまい。

3　英空母グロリアスの沈没

第二次大戦中、航空母艦の搭載機のみによって撃沈、または大破された戦艦は実に八隻に及ぶ（日本五隻、アメリカ二隻、イタリア一隻）。反対に戦艦によって沈められた航空母艦はわずかの二隻である。

一隻はフィリピン・サマール島の追撃戦によって戦艦「金剛」（三万一七二〇トン）の三六センチ砲の犠牲となったアメリカ護送空母ガムビアベイ（六七三〇トン）であり、他の一隻はこれから述べるイギリス航空母艦グロリアスである。

グロリアス（二万二五〇〇トン）の最期については戦争初期のことでもあり、決して耳新しいことでもないが、なぜかくもあっけなく撃沈されたか？という原因の究明を主眼としつつ、この問題に触れてみたいと思う。

一九四〇年（昭和十五年）四月、ドイツ軍は中立国ノルウェーに突如上陸、そこを自己の勢力圏内におさめた。ノルウェー作戦というのがそれだ。

ノルウェーの豊富な鉄鉱石の産出がヒトラーの食欲をそそったものであり、また原子爆弾製造の際「減速剤」として重要な重水（D_2O）の工場が、当時ノルウェーのみにあったからであるともいわれている。

戦略的にも、ノルウェーにドイツ海軍の基地を設けることによって、「ドイツ艦隊が北海に封鎖されてしまうという第一次大戦の失敗」をくり返さなくてもすむし、Uボートの大西洋への進出も容易となる。

ノルウェーはわずかな抵抗ののち降伏し、この事はイギリス内閣の交代をも招来した。もちろんイギリス海軍はノルウェー上陸を予知していたので、艦隊は十分警戒していたのであるが、幸運と濃霧とに祝福されたドイツ艦隊を撃退することはできなかった。

そこで、イギリス、フランス軍は亡命したポーランド軍をも含めて、海路ノルウェーに地上部隊を輸送し、ここに中立国だった漁業の国ノルウェーは一躍、独・英の戦場と化してしまったのである。

だが圧倒的に優勢なドイツ空軍の〝傘〟の下、連合軍は次第に疲労し、一ヵ月もたたぬうちに退却を開始しなければならなかった。ノルウェーよりの撤退は一九四〇年五月二日より開始されたが、最後までのびのびになったのは、鉄鉱石の輸出港として知られている北部のナルヴィク港であった。この港内では一ヵ月以前、二回にわたり英・独の駆逐艦による壮烈な肉薄戦が行なわれたことがあった。

今やイギリスは本国艦隊の大部分をこの方面に投入して、ノルウェー沿岸の船団護送や撤退作戦、ドイツ水上艦隊への警戒にあてていたのである。

撤退の援護にはコーク卿が軽巡洋艦サザムプトン（九一〇〇トン）、防空巡洋艦コヴェントリー（四二九〇トン）、駆逐艦一六隻、その他をもってその任にあたった。

六月八日までに二万四〇〇〇人に達するイギリス、フランス、ポーランド兵が、四つの船団によってナルヴィク港より引き揚げたが、最後まで同地に残って地上部隊を援護していたRAF（イギリス空軍）のハリケーン、およびグラディエーター戦闘機中隊は、退却の際、取り残されてしまった。

そこで、もと地中海艦隊に属していた航空母艦グロリアスが、この空軍機を収容する命令を受けたのである。

グロリアスは改造前のわが「赤城」や「加賀」と同様、段階式の飛行甲板を持ち、第一次大戦当時の大型特殊巡洋艦より改造したものであった。

元来、ノルウェー作戦の初期には、航空空母フューリアス（二万二四五〇トン）が一隻でテンテコ舞いの忙しさであったが、南大西洋でドイツ通商破壊艦の索敵に従事していた新鋭のアークロイアル（二万二〇〇〇トン）が、グロリアスについでノルウェー沖に到着したので、ホッと一息ついたところであった。

さて駆逐艦アカスタ、アーデント（一三五〇トン）の二隻に守られたグロリアスは、一九四〇年六月の初旬、ナルヴィク港より退却する船団を援護するため、グラディエーター戦闘機を数日にわたってひっきりなしに発進させ、ドイツ空軍の奇襲を防いだ。

ノルウェーではドイツが制空権を把握していたから、有力なイギリス軍艦が次々と爆撃される始末で、グロリアスの飛行機搭乗員はもちろん、整備員までもがこの船団護衛のためすっかり疲労してしまっていた。

イギリスの航空母艦の搭載機数は、日本やアメリカのそれと比して著しく少ない。だから搭乗員は、わずかな休息時間ののちすぐまた、次の飛行に出発しなければならなかった。その上、前述のようにバルデュフォス飛行場に取り残された空軍機の収容をも命ぜられたのである。

イギリス海軍の空母グロリアス。搭載機48機、12センチ高角砲16門搭載。

だが、ドイツの進撃が意外に早かったため、いちいち搭載している暇などない。そこで同地の空軍は敵に使用されぬよう戦闘機を完全に破壊した上、搭乗員は捕虜になってもよろしいという意味の指令が出された。

だが空軍の有志たちは一か八かで母艦への着艦をやってみようと、間に合わせの「着艦用停止ホック」をハリケーン戦闘機に付け、自己を見捨てて逃亡中の空母グロリアスの航跡を追った。母艦への着艦には最少三ヵ月の特別訓練が必要であるといわれている。それを一度も経験のない空軍のハリケーン戦闘機が八機とも無事にやってのけたのである。

このほか、空軍のグロスター・グラディエーター戦闘機をも収容したが、それは空母に搭載しているのと同型の複葉、固定脚の旧式機であった。だが反面、この空軍機着艦の成功はグロリアスの艦内に混乱と当惑とを持ち込んだ。

翼の折りたためぬ空軍機が飛行甲板の上にノサばっていたのでは、固有の母艦機の発・着艦を著しく阻害するし、新たに乗艦した空軍のパイロットは専門の訓練が欠如しているため、疲労しきった空母機パイロットの代わりに索敵やら上空直衛の任につくことができない。搭乗員室は満員となり、グロリアスはハンディキャップを背負ったまま再び船団護送の任に着かねばならなかったのである。

我々は当時グロリアスがこのような状況の下にあったことを知っておく必要がある。

さて六月の初め、ドイツ海軍司令部では「ジュノー作戦」を発令し、マルシャル中将の指揮下、次の七隻をこれにあてた。

戦　艦グナイゼナウ（三万二〇〇〇トン）
〃　シャルンホルスト（〃）
重巡洋艦アドミラル・ヒッパー（一万四七五〇トン）
駆逐艦ハンス・ロディ（一六二五トン）
〃　ヘルマン・ショーエマン（〃）
〃　フリードリッヒ・イン（〃）
〃　カール・ガルスター（〃）

「ジュノー作戦」とはノルウェー沖のイギリス小船団を攻撃し、同時にドイツ陸軍に協力して、まだ頑強に抵抗を続けるウエストフィヨルド（ナルヴィクの西方にある）のイギリス守備隊に対する海上補給を断ち切ろうとするもので、ギリシャ神話の女神ジュノーの名によったものだ。

ノルウェー作戦の援護に一段落つけたドイツ海軍主力は、ひとまず本国に帰国していた。上記の七隻は、一九四〇年六月四日、キール軍港を出港、まずノルウェーのハルスタッド沖へ向かった。そこで英船狩りをやろうというのだ。戦艦を用いて商船を追いまわすのは、第二次大戦におけるドイツ海軍の常套手段である。

旗艦グナイゼナウに将旗をかかげるマルシャル中将は、ドイツ海軍戦艦部隊の第一人者であり、半年ばかり前、やはりこの二隻の戦艦を率い、勇敢にもイギリス沖合で仮装巡洋艦ラワルピンディを撃沈した男だ。だが彼はイギリスがナルヴィクより撤退を開始したことを、六月七日まで夢にも知らなかった。

他方イギリス側も巡洋艦レナウン（三万七四〇〇トン）が去る四月九日、ナルヴィク付近のウエストフィヨルド沖で、ドイツ戦艦グナイゼナウ、シャルンホルストの二隻と遠距離より撃ち合った際、グナイゼナウに三発の三八センチ砲弾を命中させたことに安心して、ドイツの大型艦がこんなに早く同水域に現われることを予想していなかった。

だが片眼にレンズをはめ込んだ船団護衛部隊司令官コーク卿は、ドイツ戦艦が出現した場合、自己の二隻の巡洋艦のみではとても太刀打ちできぬと、大型艦の派遣を要請したので、本国艦隊司令長官フォーブス大将は六月六日、戦艦ヴァリアント（三万一一〇〇トン）を派遣して第一の船団をジェットランド諸島の北まで送らせ、そこから第二の船団を守るべく引き返すよう命じたのである。だが、これのみをもってしては、もちろん十分であろう筈がなかった。

六月八日の早朝、マルシャル中将の七隻のドイツ艦隊は北部ノルウェー沖でトローラーに護衛されていたタンカー、オイル・パイオニアー号、および軍隊輸送船オラマ号（この時同船は幸いにも兵員を乗船させていなかった）を次々となぶり殺し、続いて病院船アトランティス号（一万五〇〇〇総トン）を誰何（すいか）した。

細長い一本煙突、二本のマストのアトランティスは、五月一日から十一日の間に四回もノルウェー沖でドイツ空軍の爆撃を受けていたが、さすがドイツ艦艇は間違っても病院船を砲撃するようなヘマはしなかった。

午後になると重巡洋艦アドミラル・ヒッパーと四隻の駆逐艦とを燃料補給のため、四月九日に占領したノルウェー中部のトロンハイム港へ分離させ、マルシャル中将は自ら二隻の戦艦を率いてナルヴィク方面に向かった。ドイツ海軍は戦艦アドミラル・シェアーとルッツオ（旧名ドイッチュランド＝各一万四〇〇〇トン）とを別々に行動させたにもかかわらず、このシャルンホルスト、グナイゼナウの二隻は、常にコンビで航海させたのである。他方イギリス航空母艦グロリアスは、前に述べたような不利な状況の下にあり、また、燃料に不足を感じていたので、至急単独で本国に帰航しようと焦っていた。

恐らくこのような水域にドイツ戦艦の出現を夢想だにせず、自衛のための索敵機さえも飛ばしていなかったことは、まさに「怠慢」の一語につきよう。

独海軍の戦艦グナイゼナウ。28センチ砲9門搭載、シャルンホルスト型。

いかにソードフィッシュ爆撃機の数が十分でなく、また、飛行士の疲労をその理由としても全く弁明の余地はない。これが彼女の生命とりの原因となったのだ。グロリアスは二隻の駆逐艦に護衛されたまま、護送船団の約三二〇キロも先を走っていた。三〇〇キロといえば東京から伊勢までの距離にも等しい。

もと海軍大臣であり首相でもあったW・チャーチルは、同艦が船団から離れすぎたのを非難している。

六月八日の午後四時、ドイツ戦艦シャルンホルストの見張員は水平線の彼方に一条の煙を発見した時、小躍りして喜んだ。距離は見る見るせまり四時三十分、二隻のドイツ戦艦は約二万五〇〇〇メートルより合計一八門の二八センチ砲を放ったのである。

他方グロリアスも突然の敵艦の出現に狼狽し、ただちに複葉のソードフィッシュ爆撃機を飛ばそうとした。整備員は格納庫内に眠っている搭載機に走り寄る。グロリアスは南方へ舵を取り、高速力を出した。艦首にムクムクと白波が立つ。逃げ出そうというのだ。元来が大型巡洋艦であったから、二七ノットのドイツ戦艦よりも速い筈である。

静かに目をつぶって見給え！

突然、戦艦に砲撃され、あわてふためいて飛行甲板を右往左往している航空母艦の乗組員の姿が目に見えるようではないか！

敵を発見して「航空機発進準備！」の号令がかかってからわずか一〇分。たった一〇分の間では、どんなに熟練した整備員と搭乗員、および母艦の航空将校のコンビネーションをもってしても、航空機にガソリンと爆弾を積み、エレベーターで上甲板まで上げ、さらに搭乗員に指令を与えた上、母艦に一定距離を走らせて発艦を完了さすことは不可能であろう。まず前部の格納庫に二八センチ砲弾が命中した。このため甲板がめくり上がって、もはやソードフィッシュ爆撃機の発艦は不可能となった。

大体、航空母艦戦術の妙味は、その長距離攻撃にある。敵戦艦の主弾着弾距離より一〇倍以上も長い航空機の行動半径内において、航空攻撃を反覆し、自己の姿と位置とを敵にさらすことなく敵艦隊を爆撃、雷撃できるのだ。いわば空母の武器は長槍である。

その利点を用いることなく、敵が自分のフトコロに飛び込んで来てからでは、短剣しか持たぬ小者にさえ討ちとられ、長槍はかえって邪魔になるばかりだ。ましてや航空用ガソリンは引火性のものだ。改造前の「赤城」「加賀」、アメリカのサラトガ、レキシントンの四隻は二〇センチ砲を搭載し、フランスのベアルンは魚雷発射管を持っていたが、空母自身これらの武器を使用せねばならなくなったら、もうおしまいである。空母が敵艦から砲撃され、今さらあわてふためいたとて、それは自らの不注意によるものでなくてなんであろう！だから「水上艦艇が敵空母を砲撃する」などというチャンスは余程の僥倖にめぐまれなければ滅多に訪れるものではない。第二次大戦の中期以後にはレーダーの著しい発達を見たからなおさらだ。

サマール島沖で六隻のアメリカ護送空母を追いかけた戦艦「大和」の栗田健男中将は、自己の場合を「……この天与の神機を利して我が方は全速力をもって敵を追撃、云々……」と言っている。

グロリアスの場合、ノルウェー沿岸ではこの季節に霧が発生し、視界が良好でなかったことも一考に値しよう。

旗艦グナイゼナウの艦橋に立つマルシャル中将は、恐らくサディズムにも似た快感を味わったに違いない。空母グロリアスの一四センチ砲や駆逐艦の一二センチ砲などまだとどかぬ距離だ。

だが二隻の駆逐艦はその職務に忠実だった。まずアカスタは煙幕でグロリアスをかくした。けれどもそれは折からの強風のため、あまり効果がなかった。アーデントはその間、勇敢にもただ一隻、ドイツ戦艦に肉薄していった。自己の上に敵の砲撃を集中させ、その間に空母を逃がそうという腹らしい。

距離がせばまるにつれて、シャルンホルスト、グナイゼナウの二隻は一五センチの副砲をもってアーデントを狙った。その射撃たるや驚くべき正確性を示して、たちまちアーデントは損害を受け、あとから駆けつけたアカスタの援護も空しく沈没してしまった。

およそ駆逐艦の戦艦に対する魚雷攻撃というものは、数隻の駆逐艦が同時に多数の魚雷を扇形に発射し、その中の何本かが命中するからこそ効果があるのであって、たった二隻の駆逐艦がバラバラに魚雷を発射しても、ほとんど命中は期待できない。

グロリアスは初めの第三斉射で無電室をやられ沈黙してしまったが、その通信士はどうやら打電に成功した。だがこの緊急無電は原文があまりにも混乱していたので、内容が全く判読できず重巡洋艦デヴォンシャー（九七五〇トン）の通信士を当惑させた。

そこで彼はどんなに重要な電文かを知らず、同艦はグロリアスの最期を無視してしまったのである。運の悪いことにデヴォンシャーのみがこの無電の受信を行なった唯一の軍艦であり、それは戦闘の現場より約一六〇キロも西方を単独航行していたのであるが、同艦はノルウェー国王と内閣閣僚を乗せて、イギリスへ疎開させる途中であったので、たとえ内容を判読できたとしても、恐らく戦闘には参加しなかったろう。

五時近くにはグロリアスは艦橋に命中弾を受け、火災のため二〇分後には全く海上に停止してしまった。さらに八分ののち、「総員退去！」のベルが鳴り、人々は先を争って、まだ寒い海中に身を投じた。四一名のお客さん空軍将兵も艦と運命を共にした。

このころ駆逐艦アーデントはすでに沈み、ただ一隻残ったアカスタは、みずから展開した煙幕に出たり入ったりしながら、一二センチ砲で応戦していた。

グロリアスの護衛駆逐艦アカスタと同型のアーデント。12センチ砲4門。

勝ち誇ったマルシャル中将は二隻の戦艦のあらゆる砲火をアカスタの上に集中する。彼女はその気になりさえすれば逃亡に成功したかも知れない。

ドイツ側目撃者の談によっても、「しかし、イギリスの残りの駆逐艦は逃げようともせず、最後まで頑張った」とある。

これにとどめを刺そうとするドイツの二戦艦は、手のとどきそうな近距離にまで迫って来た。すでに前部の一二センチ砲が沈黙してしまったアカスタは、煙幕から突き出て、左舷から魚雷を発射しながら右舷にコースを変える。

この二つの魚雷斉射のうち、シャルンホルストは最初の斉射をうまくかわしたが、次のものの一本が命中、黄色い閃光がサーッと上がった。同艦の三つの機関室のうち、二つが使用不能となり、後部砲塔も沈黙してしまった。

シャルンホルストは、たった一本の魚雷命中により二〇ノット以上は出なくなり、右舷に五度傾いてしまったのだ。

この光景はアカスタからもはっきりと見えたので、水兵たちはどっと歓声を上げる。これに元気づけられたイギリス駆逐艦は再び煙幕に身をひそめ、第二回目の魚雷攻撃準備にとりかかった。そして右舷にコースを変えて煙幕から鼻をつき出した瞬間、待ちかまえていたドイツ戦艦よりの一発が機関室に命中、左舷に傾斜して止まってしまった。

それでもアカスタは艦尾の一二センチ砲で応えつつ六時八分過ぎ、ついに波間に、その姿を没したのである。

ドイツ側は生残者を救助しようとはせず、それ以上の行動を断念して直ちにトロンハイムへ帰航した。

マルシャル中将は敵空母を沈めたにもかかわらず、「商船狩りという与えられた目的以外の仕事に手を出して、貴重な戦艦を傷つけてしまった」という理由で、最高司令部からお目玉を食ってしまった。

続いて二戦艦の代わりに重巡洋艦アドミラル・ヒッパーがトロンハイムから通商破壊に出撃したが、このころにはイギリス海軍が警戒を厳重にしたので、期待した戦果もなく引き揚げてきた。

このため、ノルウェー沖のイギリス商船はドイツ機の脚のとどかぬ外洋へ出てしまえば、Uボートによる恐怖を除いて一応安全となったのである。このようにして「ジュノー作戦」は、こと中途にして効力を失ったが、空母一隻撃沈という思いがけぬ景品がついた以上、ドイツ海軍にとって決して引き合わぬ取引ではなかったろう。

それにしても二隻のイギリス駆逐艦の行動は、大いに称賛せられてしかるべきであろう。何しろ二隻のドイツ戦艦をして当初の作戦目的を放棄せしめ、そのうち一隻に損害を与えたのだから……。

このため連合軍のノルウェー撤退作戦は、ほぼ順調に進み、陸兵の大部分はイギリス本土へ退却することに成功したのである。

4　フランス海軍のジェノヴァ砲撃

第二次大戦前よりイタリア海軍とフランス海軍とは、互いに相手を仮想敵とみなし、仮想敵の艦艇に対抗して、それぞれ自国の艦艇を設計していた。ヨットのように美しい両国の艦艇が火花を散らす海戦を、世界の軍事評論家たちは夢見て来たに違いない。

互いに特徴のある高速艦のみで編成された、フランスとイタリアの軽艦艇同士の戦い！　だが世人の期待を裏切ってフランスとイタリアとは、ほとんど海戦を行なっていない。いや、行なう暇がなかったのである。

フランスがドイツと交戦したのが一九三九年九月三日だが、イタリアが枢軸国側に立ってフランスやイギリスに参戦したのが一九四〇年（昭和十五年）六月十日。

ところがフランスがイタリアとの講和条約に調印したのが六月二十四日。しかもすでに六月十七日にフランスは戦意を失って、ドイツに講和を申し込んでいるのである。たった二週間にも満たぬ期間だ。

この当時の状況に目を転じよう。

イタリア海軍はフランス海軍と、ほぼ伯仲した兵力ではあるが、同時にイギリス地中海艦隊(戦艦五隻、空母一隻)をも相手にしなくてはならなかった。しかも国力はエチオピア戦役、スペイン革命戦、アルバニア出兵などの諸事変で疲弊している。だがドイツ軍の電撃作戦の前に、今にも隣のフランスが倒れそうなこの時、ドイツに手を貸さなかったら、参戦のチャンスは永久に去ってしまい、ドイツが勝利を収めた際の、あるいは途中で休戦条約を結んだ時の、戦勝の「分け前」にあずかることができなくなってしまう。

フランスの降伏は、熟柿の落ちるようなものであった。そこでイタリアもいよいよ参戦への物腰を見せるに至ったのである。

まず一九四〇年五月二十三日、かつてブルー・リボンの獲得者であったデラックスなイタリア客船レックス号がアメリカへの定期出帆を突如延期し、翌二十四日にも、巨船オーガスタス号、ネプチューン号の出帆がイタリア海軍省より禁止された。このオーガスタス号は二年後、スパルヴィエロ(鷹の意)と命名され、航空母艦に改造された。

六月六日、イタリア海軍は沿岸一二浬以内に機雷が敷設されたことを発表した。他方フランス海軍も、その大西洋艦隊が対ドイツ戦に参戦して、ノルウェー作戦やダンケルク退却で駆逐艦に多少の被害を出したとはいえ、ほとんど海戦らしい海戦も行なわず、硬化したイタリアの動きに応じて地中海に艦隊を増強し、戦闘準備を命じた。

一九三九年末におけるフランス地中海艦隊の兵力を示すと次のようになる。

戦　　艦　　　　三隻
巡　洋　艦　　一〇隻
空　　母　　　　一隻
特型駆逐艦　　二八隻
駆　逐　艦　　二〇隻
潜　水　艦　　五八隻

これらの艦艇はツーロンや北アフリカのビゼルタ、オランの諸港に分散していた。

さて、仏国対伊国間の戦いに関する資料はあまり豊富とはいえないが、このような状況の下、ごく少ないフランス海軍対イタリア海軍の海戦を重箱の隅をほじくるようにして探し出し、これにスポットライトをあててみよう。


イタリアとフランスとが戦闘状態に入るやいなや、フランス地中海艦隊はイタリア本土への艦砲射撃を企図した。

予定日は開戦後二日目の六月十二日だったが、フランス政府の理由から延期されて六月十四日となった。フランス海軍は地中海に五隻の戦艦を有してはいたが、さすがに戦艦で艦砲射撃を計画するような無茶なことをせず、快速力の重巡洋艦をその主力とした。

この部隊の総指揮官はダルラン中将であった。ジャン・ルイ・ザビエル・フランシス・ダルランは当時五十九歳、フランス海軍育ての親として将兵に信頼され、フランスの降伏後はドイツと協力するヴィシー政府の海相にも任命されたが、一九四二年の米英軍による北アフリカ上陸作戦では、彼は麾下の部隊に抵抗を中止して、いち早く停戦協定を結ぶほど政治力のある男であった。その後、間もなく暗殺されてしまったが、彼の死はひとりフランス海軍のみならず、全世界にとってても惜しまれるべき人物であった。

まず彼は目標をイタリア西岸のジェノヴァと、サヴォナとの二つに分け、そのおのおのに対して重巡洋艦と特型駆逐艦よりなる奇襲部隊を編成した。

サヴォナ砲撃部隊

重巡洋艦アルゼリー、フォッシュ

第一駆逐隊

第五駆逐隊

(フランスの駆逐隊は普通、駆逐艦三隻をもって一つの駆逐隊を編成する)

ジェノヴァ砲撃部隊

重巡洋艦デュプレー、コルベール

第七駆逐隊

すべて速力三二ノット以上の快速艦ばかりだ。その駆逐艦の大半も四本煙突を持つゲパール級の特型駆逐艦で、イギリスやアメリカのそれとは比較にならぬほど大型のものであった。

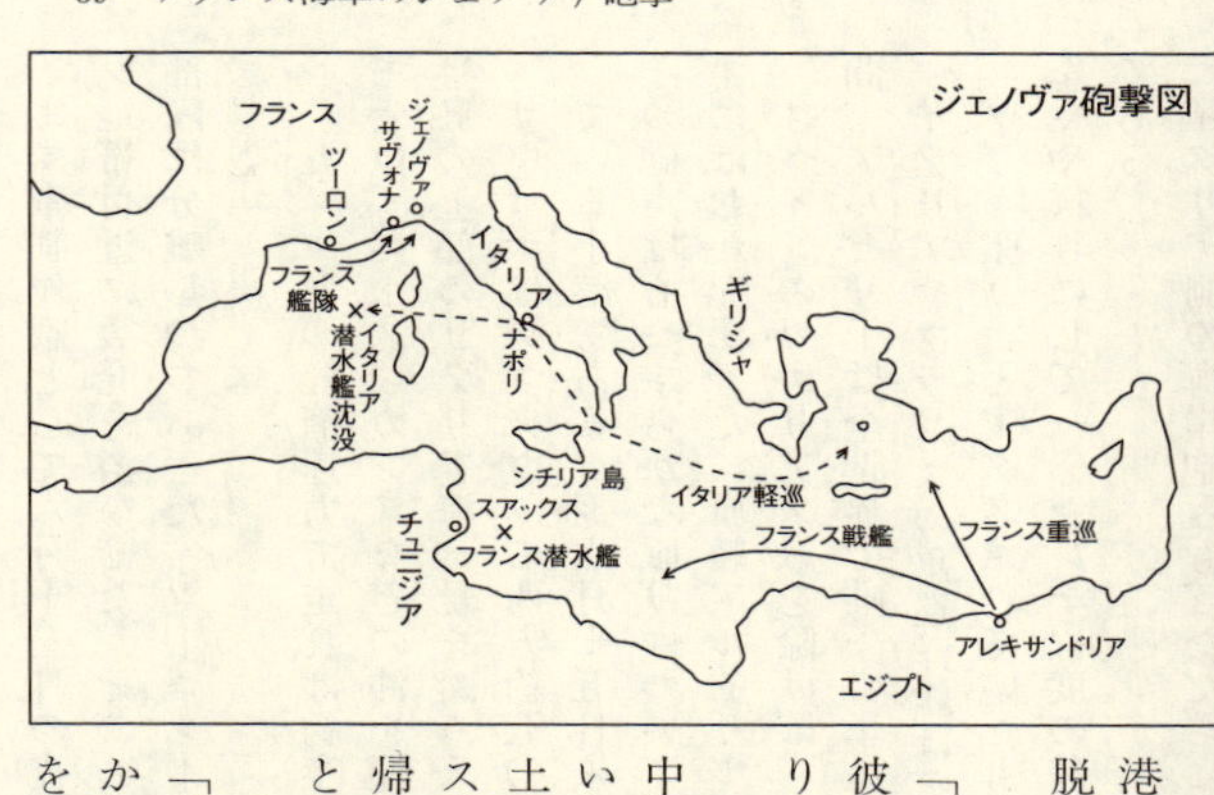

このように四隻の重巡洋艦と一一隻の駆逐艦とは貿易港マルセイユに程近いツーロン軍港より、すべるように脱出、一九四〇年六月十三日、進路を東北にとった。

ある人はいう。

「フランス海軍もイタリア海軍も弱虫だ。第二次大戦中、彼らはロクに戦わず、戦っても退却したり、負けてばかりいたではないか！」と。

だが一概にそうともいいきれぬものがある。いかに地中海が狭くツーロンとジェノヴァとはわずかの距離とはいえ、開戦後たった二日目に、一五隻の水上艦艇で敵本土の艦砲射撃をやってのけようというのだから、フランス人もなかなか豪胆だ。しかも早朝から仕事をはじめ、帰途は必然的に白昼の海となってしまうこともいとわぬというのだから、なおさらである。

イギリスのチャーチル首相は『大戦回顧録』の中で「ダルラン提督の駆逐艦はレーダーを備えておらず、しかも飛行機の護衛もなしでやった」と言って、彼の行動を称賛している。

まず牽制作戦として六月十三日の夜間、何隻かのフランス駆逐艦が、仏伊国境のリガリアン地帯付近に数発を浴びせた。そのころ、フランス艦隊はサヴォナとジェノヴァへの二つの部隊に分離しつつあった。ツーロンより目的地まで約三〇〇キロ、東京から豊橋までの距離だ。

一五ノットの経済速力で走れば約半日で到着する。この間、フランス艦隊は闇にまぎれてモナコ、ニース、カンヌなどの沖を通過、イタリア哨戒艇にとがめられることなく「長靴」半島の上部のリグリア海へ足を踏み入れたのである。

サヴォナはジェノヴァの西方約五〇キロにある小工業地帯で、海岸にまで山々がそそり立っている小港である。翌六月十五日未明四時三十分、まずサヴォナ砲撃部隊が火蓋を切った。その砲声は心やすらかな眠りについていた市民の目を覚まし、あたりを恐怖のるつぼと化さずにはおかなかった。旗艦アルゼリーがこの戦闘に参加したのは興味がある。

スペインのカナリアス級を除けば、ドイツのアドミラル・ヒッパー級が登場するまでの期間、アルゼリーは全世界で唯一の単煙突を持つ重巡洋艦だった。

イタリアやフランスの重巡洋艦はその防御装甲の劣弱なところから、軍事評論家たちに「ブリキ張り」とアダ名されていたものだが、アルゼリーこそその汚名をそそぐため、速力をやや犠牲にして一〇センチ程度の装甲鈑を舷側に張ったもので、六年前に完成した新鋭艦である。

イタリア側の海岸砲台も、ただちに応戦、フランス艦隊に応えた。

フランス海軍の重巡アルゼリー。20.3センチ砲８門搭載、最大31ノット。

フランス艦隊の目的は敵工業地帯に砲火を浴びせんとするもので、それは艦砲射撃による破壊を期待したというよりも、むしろ心理的な効果を狙ったのであるから、反撃を見た以上、長居は無用だった。軍艦が沈まぬ陸上要塞と戦うほど馬鹿らしいことはない。

アルゼリーの前後左右には、イタリア砲台よりの水柱がモクモクと立ち上り、フランス艦隊は退却に移った。その時西方海面より、今まで鳴りをひそめていたイタリアの高速魚雷艇隊が、敵艦隊に突進して行ったのである。それは第十三マ・ス艇隊のものであった。「マ・ス」（高速魚雷艇）は第一次大戦のころよりイタリア海軍の「名物」であった。作戦海面がせまく、波静かな地中海にはこれが最も有効と、イタリアが多年研究を続けていた艦種だ。単横陣にならび、波をけたてて早朝の海を真っしぐらに突進して来る姿は、まさに一幅の絵画であろう。

フランス駆逐艦はあわてて一四センチ砲をこれに向けたに違いない。

この戦闘は呼べばとどくほどの至近距離において行なわれた。「マ・ス」の攻撃は二回に及んだが、予備魚雷を持たぬ小型艇のことゆえ、魚雷を発射し終わるとすぐ視界から消え去ってしまった。

魚雷艇の攻撃は、まさに「神出鬼没」という言葉にふさわしい。しかし相手が三六ノットも出るフランス特型駆逐艦では、魚雷を撃ってもなかなか命中するものではない。

この海戦では両軍共に被害はなく、西と東とに分かれて行った。

イタリア海軍の驚くべき勇敢さが立証されたのは、次のジェノヴァ港防衛に関してである。サヴォナ攻撃部隊が左舷に小さく消えさるのを見送ったジェノヴァ攻撃部隊は約一時間、そのままのコースを直進し、先の部隊にややおくれて目的地に到着した。そこではフランス重巡洋艦デュプレー、コルベールの二隻が特型駆逐艦に護衛されつつ、探検家コロンブスの生地ジェノヴァに二〇センチ砲弾の雨を降らせたのだ。

重巡洋艦デュプレーは、サヴォナ砲撃に参加したフォッシュと共に八ヵ月前、ドイツ戦艦狩りに使用されたことがあった。

すなわち、一九三九年十月、アドミラル・グラフ・シュペーやドイッチュランドのドイツ豆戦艦が大西洋に出撃したのを知るや、フランス海軍は、イギリス海軍に協力して戦艦や軽巡洋艦、航空母艦を大西洋に出撃させたが、そのうちデュプレーとフォッシュとはアフリカのダカールを基地としてイギリス空母ハーミスと三隻でX部隊を編成し、ダカールより大西洋を横断して南米のペルナンブコまで、何回もドイツ戦艦の影を求めて巡航したことがあった。

だが今日、その主砲はフランス国境に近いジェノヴァの街に向けられたのである。古代ローマより海港として栄えた港町ジェノヴァは、ただちに沿岸砲で応えたが、その射撃は先のサヴォナ市のそれよりも猛烈であった。

フランス艦隊はたちまち反撃されて大混乱に陥り、さらにスマートな特型駆逐艦アルバトロースは一五・二センチ砲弾一発を受けて大破してしまった。弱い駆逐艦のことゆえ同艦はこの一発で、はやくも戦闘不能に陥ってしまったのだ。なお同艦は四本煙突のうち、前部の二本を取りはずし、戦後も練習艦として使用されていることも記述しておこう。

この時偶然にもイタリア駆逐艦カラタフィミが、掃海艇一隻を護衛してジェノヴァ沖を通りかかった。カラタフィミは他の同級艦三隻と共に第十六水雷艇隊を編成し、ジェノヴァより三〇キロ西方のスペチァ軍港に配属されていたのであるが、もちろん同艦はこの時「フランス艦隊と交戦せよ」などという命令は受けていなかった。大体、同艦は一九二三年の進水であり、ヒョロ長い第一煙突はいかにも第一次大戦直後に流行したタイプであることを物語っていた。

だが、カラタフィミは掃海艇を待避させつつ、ぐんぐんとフランス艦隊に接近して来るではないか！　同艦は一〇センチ砲四門を有するのみだ。だがこの砲を振り立てつつ、身に数倍する敵にただ一隻決然と向かって行ったのである。それはむしろ無謀というに近い。

第一次大戦中、イタリア海軍には魚雷の背にまたがって港内にしのび込み、戦艦を大破させた勇士がいたが、旧式駆逐艦カラタフィミの乗組員も劣らず勇敢であった。

フランス重巡洋艦や特型駆逐艦の側ではむしろあっけにとられたかも知れない。カラタフィミは猛射を浴びつつ四五センチの小型発射管を、ぐるりとフランス駆逐艦に向けて発射した。魚雷は一本も命中しなかったけれど、遠征軍をしてそれ以上の戦闘を断念させるのに役立った。結局カラタフィミは自己が無傷で、しかもフランス艦隊を撃退させるのに成功したのである。

なお、艦砲射撃にはフランス軍の爆撃機九機も参加し、サヴォナ、ジェノヴァの両砲撃部隊は、一隻の沈没艦をも出さず、無事ツーロン港へ帰投したのである。

両軍共に、開戦後五日目の初の海戦で、戦意がきわめて旺盛であったことがわかる。

この作戦に対抗してイタリア海軍も、フランス国境付近への敵前上陸を計画したが、フランスの降伏により実現せずに終わった。

なお勇敢なカラタフィミはのち、一九四三年九月九日、イタリアの降伏に際してドイツ軍に捕獲され、ギリシャのピレウスにてドイツ水雷艇TA19号として使用されていたが、一九四四年八月九日、サムソスの西方で潜水艦により撃沈されて、その長命な生涯を閉じた。またイタリア本土遠征作戦に参加したフランス艦艇の多くは、一九四二年十一月二十七日、ツーロン港で複雑な政治的理由から、やむやく自沈して果てたのである。

そのころ、北アフリカのアレキサンドリア港にあって、イギリス東部地中海艦隊と協同作戦を予定されていたフランス地中海艦隊の一部があった。

中でも、重巡洋艦ツールヴィユとデューケーヌの二隻は、前述の作戦と同時に、ギリシャ〜トルコ間の多島海への強行偵察を行なった。いわばアルゼリー以下がイタリアを西から攻撃したのに対し、今回の「ブリキ張り」フランス重巡洋艦二隻は、反対にイタリアの東方海域をパトロールしたことになる。

アレキサンドリア港より多島海南部までの距離は、先のジェノヴァ〜ツーロン間の数倍もある。フランス艦隊はこの航海で何ら獲物に遭遇しなかったけれど、イタリア海軍は彼らの退路を断つため、ナポリを基地とする第二巡洋艦隊を派遣した。

それは軽巡洋艦ライモンデ・モンテクコリとバルトロメオ・コレオニの二隻よりなっていたが、両軍とも相手を発見せずに終わってしまった。もし両者がパッタリと出合っていたら、二対二の興味ある巡洋艦戦が展開されたことであろう。

なお一説には、イタリア海軍は戦後までこのフランス巡洋艦の動きを知らなかったとも言われているが、当時イタリア第二巡洋艦隊が多島海付近にあったということだけは事実らしい。

同じくアレキサンドリアには第一次大戦中に完成したフランスの旧式戦艦ローレーヌが、真っ黒な煙を上げて停泊していた。同艦は北アフリカの砂漠に囲まれたイタリアの小港バルディアを艦砲射撃するためアレキサンドリアを出港した。なぜなら、リビア砂漠のイタリア陸軍はイギリス陸軍よりも強力で、スエズ運河さえも危うくなることが考えられたので、イタリア本国より軍需品を荷揚げするこの港に艦砲射撃を加え、イタリア軍の供給路を断とうというのである。

実はこの任務はイギリス海軍が軽巡洋艦オリオン、シドニー、駆逐艦数隻をもって行なうことに決定したのだが、巡洋艦のみでは効果が少ないのではないかと懸念されていた。アレキサンドリアにはイギリス戦艦三隻があるが、それはイタリア艦隊の出撃に備えて保留しなければならぬので、フランス戦艦ローレーヌが引っ張り出されたというわけだ。速力こそ二〇ノットしか出ないが、三四センチ砲一〇門を持つ同艦は、まさにこの仕事に打ってつけだった。

仏英連合艦隊は一九四〇年六月二十日の朝、アレキサンドリアを出港、西へ向かう。イギリス駆逐艦は前方に出てイタリア潜水艦を警戒し、二十一日の五時五十分、全艦隊は敵の物資集積所に向かって発砲した。ローレーヌは沿岸と並行してのろのろと走りながら、イギリス巡洋艦の後方より巨弾を放った。倉庫からはめらめらと黒煙と火炎が上がる。

イタリア軍の要塞砲は不活発で、たった二機のイタリア爆撃機が高高度より飛来したが、フランス戦艦に対して命中弾を与えず消え去った。

けれども連合軍側にも損害がなかったわけではない。艦隊の上空にあって着弾観測を行なっていた英軽巡シドニーのシーガル水上偵察機は、この間、三機のCR42イタリア戦闘機に追撃されて、消息を断ってしまったからだ。

フランスの潜水艦モルス。55センチ発射管10門装備、水中最大9ノット。

確かにフランス戦艦の参加は、イギリス海軍の士気を大いに高めたろう。だが、ローレーヌにとって、これが最後の戦闘となったのである。フランスはこの三日後にイタリアと講和条約を結んでしまい、ローレーヌはイタリア海軍によってあわれにもアレキサンドリアにおいて監禁されてしまったからだ。

その巨砲は四年後にドイツ軍陣地に向かって再び火を吐くまで、栓をしたままになっていたのである。

イタリア海軍は機雷戦に力を入れていたが、開戦直前から巡洋艦、駆逐艦、敷設潜水艦などを動員して本土沖、シシリー水道、アフリカ植民地沖などに機雷をバラまいた。

イタリアの大型敷設潜水艦ピエトロ・ミッカなどは、開戦六日前の一九四〇年六月四日、スペチャ軍港を出港し、洋上で宣戦布告のニュースを聞いたら、すぐアレキサンドリア港口に機雷を敷設する命令を受けていたほどだ。

このようにしてイタリアは広漠たる機雷原を敷き、獲物の来るのを待ちかまえていた。すると、たちまちフランス潜水艦の一隻がこの機雷の一つにひっかかった。

開戦後たった五日目——というとフランス巡洋艦のジェノヴァ砲撃と同じ日だが——六月十五日、中型潜水艦のモルスが、アフリカのスファックス沖で沈没し、仏伊戦における最初の潜水艦の犠牲者となったのだ。

スファックスは北アフリカ、チュニジアの小港で、砂漠の国チュニジアは永らくフランスの植民地となっていたから、イタリア海軍は開戦と同時に、フランスの輸送船が本国より軍需品を満載してチュニジアに入港することを予測し、スファックス沖に機雷を敷設した訳だが、最初にひっかかった獲物は輸送船ではなく、潜水艦だったのである。

モルスはのちに述べるイタリア潜水艦プロヴァーナとほぼ同じく九七〇トンの大きさだが、一〇門の発射管を四ヵ所に分けて搭載した点に特徴がある。

二日後、モルスの仇は立派に討たれた。

二年前に完成した精鋭、イタリア潜水艦プロヴァーナはナポリより出港、南フランスの敵海軍基地オラン港の沖で、フランス艦隊出撃を警戒していた。だが彼女を迎えたのは待望のフランス戦艦ではなく、手ぐすね引いて待っていたスループ艦コマンダン・ポリーとラ・クリューズの二隻であった。

この二隻はほんの二~三ヵ月前に完成したばかりのスマートな護衛艦で、ラ・クリューズは一〇センチ砲弾のラッキー・ヒットを与え、一撃でイタリア潜水艦を撃破させるのに成功した。苦しまぎれに浮上したプロヴァーナの昇降口のドアがまだ開かれぬうちに、わずか六四〇トンのラ・クリューズは敏捷に立ち回ってプロヴァーナに横付けになる。死にもの狂いの決闘だ。

同時にパラパラッとフランス水兵は傾きかけたイタリア潜水艦に飛び移った。疲労したプロヴァーナの乗組員が重たいハッチを開けた時、彼らが目の前で見たものは、小銃を突きつけているフランス水兵だったのである。

二番目に出て来た男も無言で、もろ手を上げた。次の男も次の男も皆、捕虜になった。勝ち誇ったフランス兵は「獲物」に青、白、赤のフランス軍艦旗をかかげて曳航しはじめたのである。けれども損傷したプロヴァーナはフランスの港へ到着する前に次第に浸水、ついに沈没してしまった。

これでたった一四日間のイタリア対フランスの海戦に、ほぼ目を通したことになる。

この二週間のためにイタリアとフランスとは数十年にわたり、莫大な費用をかけて互いに建艦競争を行なったのだ。

5　失敗したダカール上陸作戦

ドイツ軍の電撃作戦にたまりかねて一九四〇年（昭和十五年）六月二十二日、フランスはついに降伏してしまった。次に訪れたものは混乱と不安と絶望だけであった。ド・ゴール将軍はイギリスに亡命して自由フランス軍を結成し、他方本国フランスではドイツ側と和解したペタン元帥のヴィシー政府とが対立した。

同国人でも自己の信念や主義を貫き通すため、互いに武器をとるという惨劇はしばしばあるものだ。円柱型の戦闘帽をかぶったド・ゴール将軍をして言わしむれば「祖国を軍靴でふみにじった仇敵ドイツをこらすべく、イギリスと協力して最後の一兵まで戦うべし」と主張するし、老練なペタン元帥は「すでに国敗れてエッフェル塔にはハーケンクロイツ旗がひるがえっているではないか！　ことここに至っては不本意ながらもドイツと講和し、無益な犠牲を避くべきである」とテーブルをたたいて力説した。

祖国を失ったフランス人は、自己の進退に全くまよってしまった。

ちょうどそのころ、ドイツはアフリカのダカールをUボート用補給艦の基地として使用しようと、ヴィシー・フランス政府に働きかけていた。だから最悪の場合には西アフリカのフランス領植民地が枢軸国に友好的となり、散在する港はUボートの基地としての機能を果たす可能性さえあった。

そうなったら大変。南米や喜望峰を回って運ばれてくる食糧や工業原材料は、まだイギリスに近づかぬうちから危機に瀕することとなる。そこでド・ゴール将軍はチャーチル英首相を口説き、この機会に西部アフリカに自由フランス軍を上陸させ、さらに進んで北アフリカのフランス植民地をも連合国側に引き込もうと計画したのである。

目的地は絵のように美しいダカール港。それはアフリカの最西端にあり、一七世紀の半ばよりフランスに占領され、平時より航空路や貿易上の重要な地点となっていた。

当地への上陸を「脅迫作戦」と暗号で呼び、陸上兵力は自由フランス軍の歩兵二個大隊、戦車一個中隊計二五〇〇人の予定であった。イギリス兵が一人も参加していないのは政治的配慮からで、「イギリスがフランス領土への侵略を企画している」という印象を与えぬためであろう。

上陸部隊はフランスの三色旗をかかげた六隻の運送船（その大部分はイギリス船）に乗船し、八月中旬、イギリスのリヴァプール港より出撃した。この船団は自由フランス海軍のスループ艦サヴォルニアン・ド・ブラサ（一九六九トン）、コマンダン・デュボック、コマンダン・ドミネ（六三〇トン）によって守られていた。

フランスの戦艦リシリュー。38センチ4連装砲2基搭載、最大30ノット。

これらのスループ艦は植民地警備のため、フランスが特に設計した一種の護送艦であるが、ヨットのように美しい軍艦であった。なおこのスループ艦は戦後ホー・チ・ミン軍との戦いに、はるばるインドシナまで来航したことがある。

だが、ダカールのシュロの木陰には恐ろしい強敵がひそんでいた。新鋭の、いや未成の戦艦リシリュー（三万八五〇〇トン）だ。

同艦は建造中、ドイツ軍の進軍にたまりかねて捕獲を防ぐため、未完成のまま本国ブレスト海軍工廠より逃げ出し、途中イギリス航空母艦ハーミス（一万八五〇〇トン）に攻撃されつつも、ダカール港にころがり込んだものだ。それは八門の三八センチ砲のうち、わずか二門しか使用できず、また、同港内に停泊中、ハーミスの艦載水雷艇のためスクリューをやられて航行不能に陥っていたが、十分警戒すべき相手であった。さらにダカールには以前からフランス潜水艦の基地があったから、前途の楽観は禁物だ。

そこでイギリス海軍は自由フランス軍の援護のため、次のような有力な艦隊を派遣したのである。

(A)本国艦隊より

戦艦バーラム(三万一一〇〇トン)

駆逐艦　四隻

この部隊は本国スカパフローを出て一九四〇年九月二日、ジブラルタルに入港し、さらにアフリカのフリータウンに向かった。

(B)H隊より(H隊とはジブラルタルを基地とし、西部地中海、および中部大西洋に活躍する強力な艦隊である)

航空母艦アークロイアル(二万二〇〇〇トン)

戦艦レゾリューション(二万九一〇〇トン)

駆逐艦　六隻

H隊はイタリア海軍を大いに悩ますジョン・C・カニンガム中将によって率いられていたが、上陸作戦の全指揮は陸軍のアーウィン少将がこれをとった。

船団と艦隊とは九月十三日合流したが、二日前、注目すべき事態が持ち上がったのだ。すなわち一九四〇年九月十日、ダカール上陸作戦を早くも感づいたペタン元帥のヴィシー・フランス政府は、地中海に面したツーロン軍港から六隻の軍艦を、救援のためダカールに向けて派遣したのである。それはラ・クロワ中将の指揮するY部隊と呼ばれるもので、

軽巡洋艦グロワール（七六〇〇トン）
〃　モンカルム（〃　）
〃　ジョルジュ・レイグ（〃　）
特型駆逐艦ル・マラン（二五六九トン）
〃　ル・ファンタスク（〃　）
〃　ローダシュー（〃　）

よりなり、軽巡洋艦は艦齢わずか三年の新鋭艦であり、フランス海軍が世界に誇る優秀艦であった。特型駆逐艦とて同様、イギリス駆逐艦より数ノットも早く、二倍近くも大きいものであった。もちろんこの六隻の出港には、休戦条約の条文通りドイツ側の許可が必要であったことはいうまでもない。

事実ヴィシー・フランス政府は、自由フランス軍がイギリス海軍の援護を受けてダカールに上陸するのを知っていたのだ。

それもその筈、ド・ゴール将軍は麾下部隊の内諾を得るために、作戦計画をあらかじめ発表しなければならなかったので、それを聞いて大喜びした下級将校は「ダカールで会いましよう！」を合言葉として町中で乾杯したから、すでに秘密は秘密でなくなってしまった。ミッドウェー上陸作戦の極秘が漏れていたとはよく言われることだが、ダカール戦の機密保持はもっともっとルーズなものであった。

国外のイギリス外交官は早くもこの動きに気づき、「フランス軍艦六隻が九月十一日朝、ジブラルタル海峡を突破して大西洋に向かう予定」と打電して来た。

けれども運命のいたずらか種々の手違いから、それらの報告は伝達に思わぬ時間をくい、軍令部長に手渡された時はすでにあとの祭りであった。それ故、おっとり刀で巡洋艦レナウン（三万二〇〇〇トン）と駆逐隊とがジブラルタル軍港からY部隊を追ったが無駄だった。

九月十四日の夕刻、Y部隊は目的地に入港、戦艦リシリュー以下次のような根拠地部隊と合流して、その勢力はもはやあなどり難いものとなっていたのである。

軽巡洋艦プリモーゲ（七二四九トン）
駆逐艦ル・アルディ（一七七二トン）
航洋潜水艦ペルセ（一三八四トン）
〃　アジャックス（〃　）
〃　ベヴジェール（一三八四トン）
スループ艦ダントルカストー（一九六九トン）
〃　カレー（六四四トン）
〃　ガゼル（六三〇トン）
〃　ラベルヴィユ（四五三トン）
小型給油艦ガロンヌ（三五三三トン）

その他三隻の補助巡洋艦、およびスループ艦コマンダン・リヴィエール、ラ・シュールプリスの二隻も同港に配属されていた。

敵味方に同じ型のスループ艦が姿を見せているのも興味深い。

さてダカールのフランス海軍は赤道南のアフリカ植民地が、ともすれば弱腰でイギリスに迎合しがちであったので、友軍の戦意高揚のため、自らの危機をもかえりみず四隻の軽巡洋艦を南進させた。

だが、途中、イギリス巡洋艦隊の待ち伏せに遭い、グロワールとプリモーゲが捕獲され、モンカルムとジョルジュ・レイグのみが、はげしい風雨の中をほうほうの態でダカールへ逃げ帰って来た。このためヴィシー・フランス政府は貴重な軽巡洋艦二隻をダカールから失う結果となったのである。イギリス船団はひとまずダカールを避けてさらに南下し、フリータウンへ十四日入港した。同地においては先にフランス軽巡洋艦を捕獲した。

英重巡カムバーランド（一万　トン）
〃　オーストラリア（〃　〃）
〃　コーンウォール（〃　〃）
軽巡デリー（四八五〇トン）

の四隻も船団の護衛隊に編入せられた。

すでに秘密が漏れ、敵がその対抗手段をとったにもかかわらず、あえて作戦を強行すべきか、あるいは中止すべきか、または予定を変更して、ダカールより南のほかのフランス植民地を狙うべきかについては種々取り沙汰された。

イギリス政府の意見としては、敵軽巡洋艦がダカールに入港した以上、計画を中止すべきだという結論に達したが、司令官アーウィン陸軍少将、カニンガム海軍中将、ド・ゴール将軍の三者が強引に作戦の遂行を主張したので、ついに彼らの要望は入れられるに至ったのである。

いよいよ九月二十三日、船団はダカール沖に現われた。イギリス海軍の誇る航空母艦アークロイアルよりの爆撃機が、市内に小旗やビラを投下した。降伏勧告状だ。

だがその中の二機は高射砲で撃墜され、戦い初の引出物となった。ヴィシー系の西アフリカ総督ピエール・フランソワ・ボワソンは相手が何者であろうと断じて同港を死守する覚悟であった。

港内にはニョッキリと新戦艦リシリューの司令塔がそびえ立っている。脱出せんとした二隻の特型駆逐艦は沖のイギリス艦隊を認めて引き返さなければならなかった。はげしい濃霧の中、イギリス艦隊は沖合にとどまり、三隻の自由フランスのスループ艦のみがしずしずと港に近づいて行った。

スループからは二隻のモーター・ランチが下ろされ、フランス三色旗と白旗をかかげながら四名の軍使が、青ざめた顔つきでボワソン総督に面会を求める。息づまるような一瞬である。

彼らの持参した書状には「差し迫るドイツ軍の侵略よりダカールを解放するため、ド・ゴール将軍が守備隊と住民のために食糧と救助品を持って来た」ことが述べてあった。

嵐の前の静けさというか、あたりは不気味に静まり返っている。彼らの申し出は突っ返された。その後モーター・ランチで港内に向かった使者は突如、機銃弾を浴びせられた。続いてスループ艦が要塞砲に狙われ、さらに朝十時五十一分、一隻のイギリス駆逐艦のそばに水柱がムクムクと立ち上った。

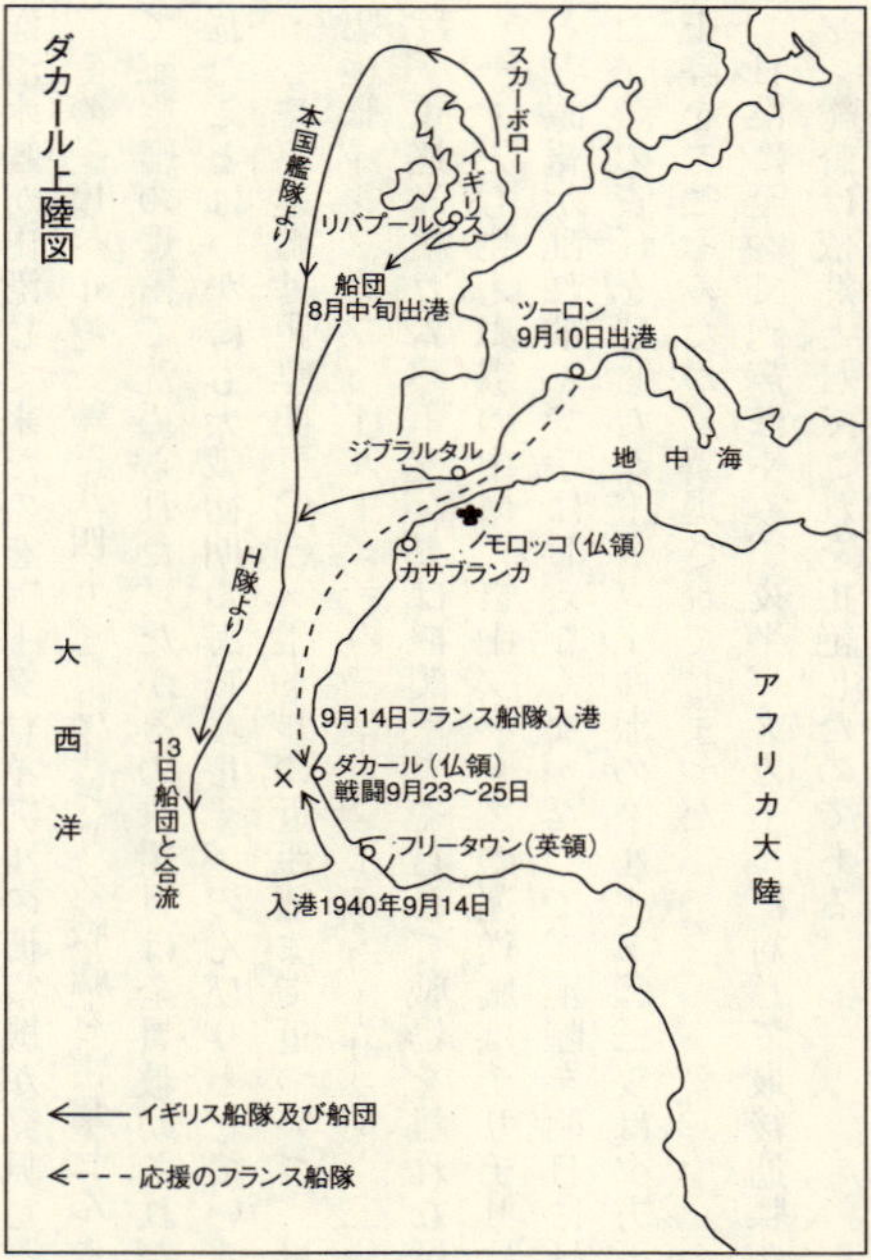

それからはただ喧騒の一語につきる。はげしい撃ち合いだ。

カニンガム中将が恐れていたのは、軽快なフランス巡洋艦でも、リシリューの三八センチ砲でもなく、数隻の潜水艦であった。

「港内の貴国潜水艦が出動せば、余はただちにダカールを砲撃するであろう」

彼の再度の警告にもかかわらず、三隻のフランス航洋潜水艦が出港して来たのをアークロイアルの偵察機が発見した。

その一隻ペルセ（一三八四トン）はイギリス戦艦を雷撃せんとしたが、潜望鏡深度において駆逐艦の爆雷で沈められた。だがその乗組員は全員救助された上、フランス本国へ送還されたことはいかにも大戦初期の海戦らしく、のんびりとしている。

今や駆逐艦は距離四五〇〇メートルの近距離まで近づいて、はげしく砲台と撃ち合った。駆逐艦イングレフィールド（一五三〇トン）とフォーサイト（一三五〇トン）とは命中弾を受け、重巡洋艦カムバーランドは機関室をやられて戦場を離れなければならなかった。

一寸先も見えぬ霧の中に、自由フランスの運送艦はチリヂリに分離してしまい、午後になると誤報が乱れ飛んで手におえなくなったので、上陸を明日に延期することを余儀なくされた。この責任を感じたかド・ゴール派のスループ艦三隻は夕方五時から六時までの間に再度上陸をこころみたが、撃退されてしまった。

日没に至って砲声はやみ、夜半、ダカールに対して最後通牒が発せられた。けれどもボワソン総督は依然としてこれを拒絶したのである。

「軍艦は要塞を相手に戦うべからず」というジンクスがある。沖縄やサイパン島のように、アメリカ艦艇が日本軍要塞に対して圧倒的に優勢な火力を持った場合は別として、絶対に沈むことのない陸地を相手に、構造のデリケートな軍艦が戦うことは、極めて不利な状況の下にあるのだ。

イギリスの重巡カムバーランド。20.3センチ砲８門搭載、最大31ノット。

第一次大戦中、トルコの要塞と戦って、イギリスの巡洋戦艦がひどい目に遭ったことがある。フランスやロシアの海軍史をひもとく時、これらの国の艦艇はともすれば港内にへばりついて出て来ない傾向がある。ダカール砲撃や三ヵ月前のオラン港海戦がそのよい例だが、これは国民性や戦術上、地理上の理由によるものであろう。

昨日の汚名をそそぐべく翌九月二十四日、砲撃は再開された。払暁、航空母艦アークロイアルが、動けない戦艦リシリューを爆撃した。巨大な戦艦はよい目標となったろう。だが陸上砲火はよく敵機を戦艦に近づけず三機を撃墜した。一〇〇キロの爆弾が至近弾となっただけであった。前日よりは、ましであったとはいえ、まだまだ霧が濃いため再び接近戦となる。

旧式戦艦バーラムとレゾリューションは一万二〇〇〇メートルからフランス戦艦と互いに三八センチ砲で撃ち合った。

この日フランス艦隊も突撃を開始し、潜水艦と特型駆逐艦はイギリス戦艦に向かったが、軽巡洋艦一隻と特型駆逐艦ローダシューは重巡洋艦デヴォンシャーとオーストラリアの砲火に妨げられ、ローダシューは大破して浜に乗り上げた。イギリス駆逐艦フォーチュン（一三五〇トン）は砲台から撃たれつつも航洋潜水艦アジャックス（一三八四トン）に爆雷を投じ、アジャックスは大破浮上したのち、沈没していった。すでにリシリューも砲台も三八センチ砲弾を受け、フランス軽巡洋艦も炎上している。泊地の東方にあったフランス駆逐艦ル・アルディは形勢不利と覚って煙幕の展張にかかり、朝十時十分には港内の目標が全く識別不能となったため、イギリス艦隊はやむなく南方に引き揚げたのであった。

午後に至ってイギリス艦隊は再び北上、わずかの間ではあったが再び砲撃戦が行なわれる。リシリューの砲撃は極めて正確で、見事四発の命中弾を戦艦バーラムに送った。その被害はごくわずかにとどまったとはいえ、フランス側のダカール防衛の決意は極めて強固なものであることが推定された。

この日フランス側に死傷者二五八名を出したほか、市内の非戦闘員にも二九〇名の死傷者を数えるに至った。フランス爆撃隊もケント級重巡洋艦一隻に損害を与えたと主張しているが、どうやら海軍の士気を鼓舞するための宣伝らしい。

報復攻撃としてこの日と翌日、モロッコ駐在のフランス爆撃機約一二〇機が大挙ジブラルタルを襲ったことは事実だが、訓練不足のため爆弾は海中の魚を驚かしただけに終わってしまった。

翌九月二十五日、ダカール攻撃の最後の日である。アーウィン少将は抵抗が意外に強いので、やや絶望的な気持ちになったらしい。早朝の空中戦によって戦闘は再開され、八時半に至り約二万メートルより、再び砲撃戦が展開された。

フランス砲台の照準は驚くほど正確で、自らは昨日と同様煙幕の中にその姿を没していた。ボワソン総督はダカールの街頭を疾駆して士気を鼓吹し、「もう少しの辛抱だ。断じて守れ、我らのダカール！」と絶叫する。フランス艦隊は依然として港内に引きこもっている。午前九時をややすぎたころ、ついにイギリス側を落胆させる事態が起こった。

砲台と交戦中の戦艦レゾリューションが突然、フランス潜水艦ベヴジェールより魚雷攻撃を受け、その中の一本が命中したのだ。H隊の司令官カニンガム中将はこの姿を見せぬ敵に脅威を感じ、艦隊はあわてて引き揚げたのである。

ちょうどそのころイギリス内閣では戦闘が意外に長引いたので、フランス人の感情を悪化することを恐れ、果てはヴィシー・フランス対イギリスの全面戦争に発展しないうちにと、上陸作戦の中止を命令して来た。

他方ド・ゴール将軍も、同胞相打つの様相をこれ以上見るにしのびず、結局ダカール上陸作戦は実現しないままに終止符を打ったのである。自由フランスとイギリスの連合船団は、さびしく西の水平線に消えて行った。傷ついた戦艦レゾリューションと重巡洋艦カムバーランドはフリータウンに引き返し、二隻のイギリス駆逐艦は本国で本格的な修理をほどこさねばならなかった。

ダカール砲撃の結果、ヴィシー・フランスをして、必要以上にドイツへの親密感を抱かしめてしまった。今回の失敗は大体においてイギリスがフランスの実力を過小評価した点にある。

意気地のないフランス人は、かつての同盟国からも見下げられてしまったのだ。初めこの作戦の困難さを主張したアーウィン少将など、決行直前には「早朝ダカール沖到着、日没までにはド・ゴール将軍を同地の主とすることが可能である」とさえ考えていたようだ。各所で勝利を収めたイギリス海軍のおごりと傲慢さとがうかがわれる。

それにしても、ともすれば政治的に不安な、戦意のくだけがちな防衛戦をやりとげ、ついに一兵たりとも上陸を許さなかったことは、フランス海軍にとって、めずらしく勝利を収めた戦いであった。

しかし、防衛戦の様相はいかにもフランスらしい消極的なもので、同国として「わが方の勝利」として威張れた一戦ではなかった。

注目すべきはツーロンから駆けつけた三隻のフランス軽巡洋艦の影響である。それには反英的な主戦論の将兵が乗り組み、今まで戦争を身近に感じなかったダカール守備隊を煽動したのである。

イギリス政府も、それだからこそ初期に作戦の強行に二の足を踏んだ。従って六隻のＹ部隊は実際の戦闘力よりも、はるかに大きな心理的効果を敵味方に与えたのであった。

ダカール上陸作戦の失敗はイギリス海軍の名誉をいたく傷つけたが、この戦闘はあらゆる意味で二年ののち、米軍によって行なわれたカサブランカ上陸作戦と類似している。なお第二次大戦中、フランス艦艇の大部分が自沈、その他の悲劇的な最期を遂げたが、ダカール防衛戦に参加した艦艇の大部分は、戦後まで長くその生命をまっとうしている。

6　スパダ岬の海戦

約二〇〇〇年前、地中海はローマ帝国の海であった。シーザーの軍隊は戦えば必ず勝った。二〇世紀、イタリアのムッソリーニは、地中海を再びイタリアの領海にしようと大きな野望を抱いていたのである。

ところがイギリスとしても、地中海の制海権をむざむざとイタリアに譲り渡すことはできなかった。「イギリスの宝庫」と言われるインドやオーストラリアとの交通には、地中海を通るのが早道であったし、中近東の石油を輸入する上にも、このルートは極めて重要なものであった。だから南ヨーロッパの暖かい日ざしに輝く平和な地中海でも、第二次大戦中、何回となく血なまぐさい海戦が行なわれたのだ。

ドイツの二倍以上も軍艦を持っているイタリアのことゆえ、大西洋や北海ではとても見られぬ艦隊決戦をも、何回か数えることができた。けれども戦争の初期には、それぞれ相手の腕前がわからず、互いに敵を気味悪く思ったものだ。だが、これから述べるスパダ岬の海戦は、イギリス側には自信を、イタリア側には失望を与えたという意味で注目に値する初期の戦いであった。

「今度の戦争はドイツが勝つにちがいない。おれもバスに乗りおくれてはならぬ」

とイタリアが参戦したのが、一九四〇年六月十日。同時に巡洋艦に守られたイタリア駆逐艦は、シシリー島とチュニジアとの間に、機雷を敷設しはじめた。だがイギリスは六月の末より、地中海艦隊の主力をジブラルタルに集結し、当分の間は守勢をとり、あえてイタリア艦隊との決戦を行なおうとはしなかった。

この物語は、その約一ヵ月後、七月十九日の早朝よりはじまる。

イギリス第二駆逐隊に属する駆逐艦ハイペリオン(一三四〇トン)、ヒーロー(一三四〇トン)、アイレックス(一三七〇トン)の三隻はクレタ島の北西で、イタリア潜水艦狩りに従事していた。

その数において世界一を誇っていたイタリア潜水艦隊は、開戦と同時に作戦を開始しており、この時までに、アルゴナウタ(五九九トン)、ルビーノ(五九〇トン)の二隻をはやくも失っていたが、イギリスにとって最も厄介な存在であったのだ。

ところが三隻のイギリス駆逐艦は、この時水平線のかなたに怪しげな目標を発見して「おやっ」と思った。それは「詩の港」ナポリに基地をおくイタリア第二巡洋戦隊のバルトロメオ・コレオニ(五〇六九トン)とシシリー島に基地をおく第六巡洋戦隊のジョヴァンニ・デレ・バンテ・ネレ（五〇六九トン）の二隻であった。

この二隻の同じ型の軽巡洋艦は、カサルディ提督に率いられ、アンティキテラ水道を抜けて、エーゲ海のレロス島におもむく途中であった。

イタリア海軍の軽巡洋艦バルトロメオ・コレオニ。最大37ノットの高速と15.2センチ砲８門を搭載する傑作巡洋艦。

「これは大変だ！」

三隻のイギリス駆逐艦は、ただちに北方へ全速で退却した。北方には味方の軽巡洋艦シドニー（六九八〇トン）と駆逐艦ハヴォック（一三四〇トン）とがいる筈だ。そこまで逃げ切ることができれば、どうにかなる。

だが、朝六時二十七分、ついにイタリア軽巡洋艦二隻は一五・二センチ砲の火ぶたを切った。その距離約二万メートル。彼らの主砲としては、ギリギリの距離であろう。けれども、神はイギリス艦隊の上に味方したもうた。

はやくも昇りかけた太陽を背にしたイギリス駆逐艦隊に対して、イタリア砲手はまぶしさのあまり、思うように照準できないのだ。朝日と夕日との相違こそあるが、これは第一次大戦中のコロネル沖海戦を連想させるものがある。

一八分ののち、三隻のイギリス駆逐艦は追われつつも煙幕を展張し、その中に姿をかくした。まず先頭のハイペリオンが見えなくなった。続いてヒーローが消える。そして最後には、アイレックスが。

高速力を持って鳴るイタリア軽巡洋艦は、相変わらず追撃の足をゆるめない。このクラスは三七ノットと言われているが、最高四二ノットまで出した記録がある。

このころ、先のイギリス駆逐隊は、どうした訳か左に転舵し、斜め後方からついて来たイタリア艦隊と反航戦に入らんとしていた。

だが、八時。その理由がわかった。イタリア巡洋艦は、こちらに向かって突進して来る二隻のイギリス巡洋艦に気がついたのだ。カサルディ提督はシドニーの後ろからついて来る駆逐艦ハヴォックを、てっきり巡洋艦だと思い込んでしまった。

シドニーは白馬のように真っ白な波を艦首に蹴立てて、一目散に南下して来るではないか。今まで逃げていた駆逐艦も「どうだ」と言わんばかりに、向きなおって来た。

形勢逆転。今度はイタリア側が、もと来た南西へと一目散に逃げ出した。その間、両軍とも一発の弾丸も撃たない。不気味な静寂。嵐の前の静けさとでも言おうか。

クレタ島は古代ギリシャ文明の発生の地であり、また、この海戦の一年後、ドイツが初めてグライダー部隊を用いて敵前上陸したので有名である。そのクレタ島北西部スパダ岬の六・四浬沖では、追いつ追われつの奇妙な〝鬼ごっこ〟が続けられた。

イタリア艦隊が退却をはじめて一〇分後の八時十分。ついに砲撃戦は再開された。シドニーの斉射に、まずバルトロメオ・コレオニが応じた。単に主砲の数を並べてみたて、決して戦闘の状況を判断する手掛かりとはなり得ないが、参考のために両軍の砲撃力を比較すると次表のようになる。

項目	イタリア	イギリス
軽巡洋艦	二隻	一隻
駆逐艦		四隻
一五・二センチ砲	一六門	八門
一二・〇センチ砲		一六門
五三・三センチ 魚雷発射管	八門	三四門
速力	三七ノット	三二・五ノット　ただし駆逐艦は三六ノット

この表からもわかるように中距離戦ではイタリアが有利で、反対に短距離に肉薄すれば、イギリスがずっと優勢となる。単に駆逐艦の一二センチ砲が使用できるというばかりではなく、魚雷攻撃をかけることもできるからだ。だが速力はイタリア巡洋艦の方がやや速く、従って中距離、短距離のどちらを選ぶかは、カサルディ提督の胸三寸だ。

イタリア艦隊が退却したのは、もしかしたら相手の砲のとどかぬ所からイギリス駆逐艦をアウト・レンジしようとしたのかも知れない。このままの航路を続けて逃げていたのでは、イタリア巡洋艦はクレタ島の浜辺に乗り上げてしまう。そこで、カサルディ提督は艦首をさらに西南に向けた。だがこれは、のちに述べるように、イギリス艦隊に追いつかれる結果となるのだ。もし彼が本当にイギリス艦隊との接触を嫌うのならば、東南に転針して、たとえ回り道でも、クレタ島を半周すべきではなかったろうか。

このミスのためか、シドニーはイタリア艦隊との距離をじりじりと縮めて行った。射撃の腕前は、戦いに慣れているイギリス軽巡洋艦シドニーの方が、はるかに上だった。一四分の追撃のち、バルトロメオ・コレオニはついに機械室に命中弾を受け、見るみるジョヴァンニ・デレ・バンテ・ネレに取り残されてしまった。

すでにエンジンはストップした。動かぬ目標ほど弱いものはない。まず第一に砲塔から前の艦首が、鋭利なカミソリでバッサリと切り落としたようにちぎれてしまった。続いて艦橋構造物の真後ろも命中弾を受けて火災を起こし、モクモクと白煙を吐き出した。それでもほとんど傾斜はしていないようだ。

八時四十分。ここぞとばかり、イギリス駆逐隊はあわれな敵に対して五三・三センチの魚雷を発射し、満身創痍のバルトロメオ・コレオニは、とうとう中央部に大爆発を起こして沈んでしまった。まことに、あっけない最期である。

この少し前、イギリス軽巡洋艦シドニーは、その砲火を敵艦ジョバンニ・デレ・バンテ・ネレの上に移した。間もなく、命中弾が見られる。だが、ほんのかすり傷を受けたにすぎな

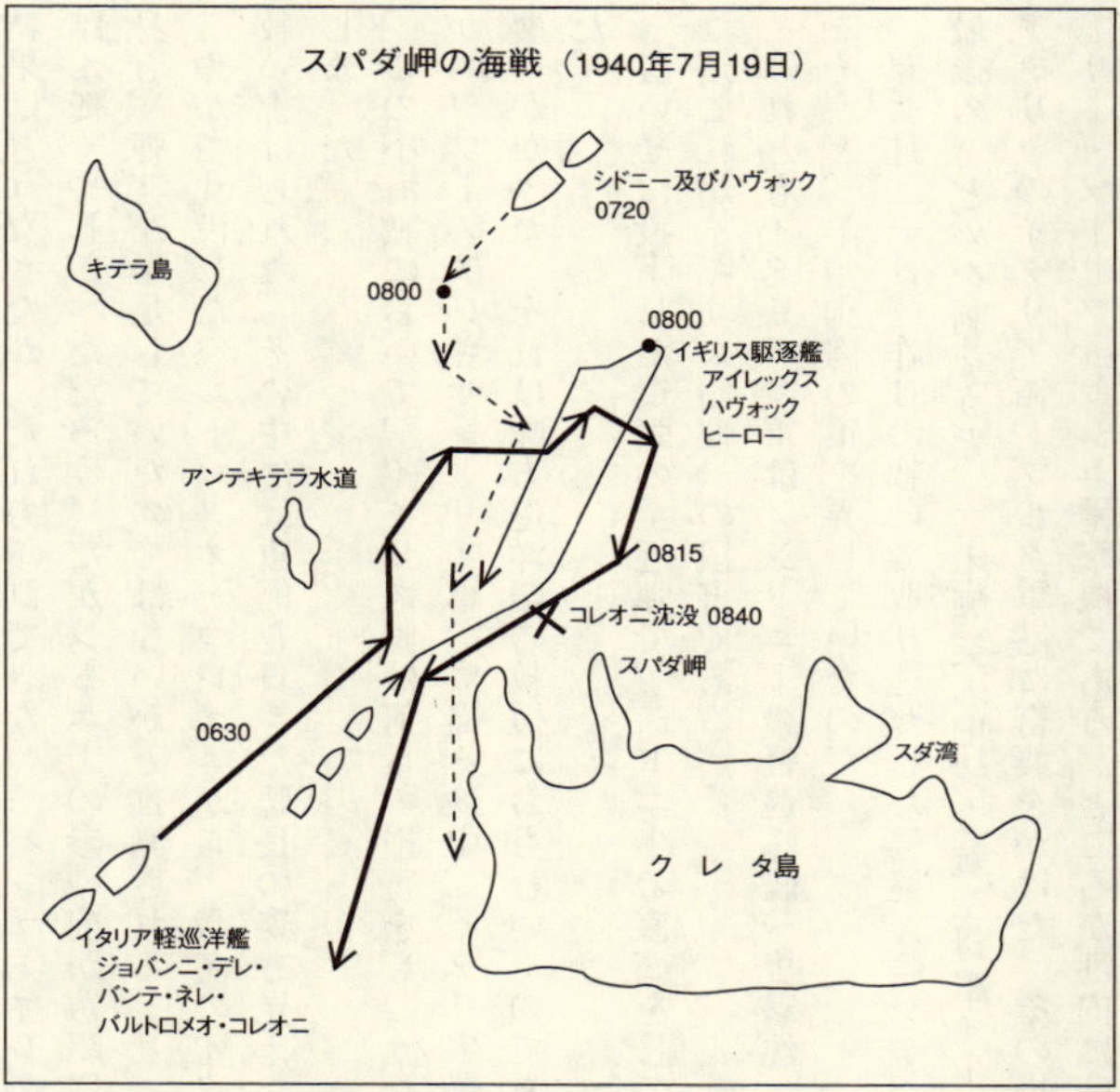

スパダ岬の海戦（1940年7月19日）

シドニー及びハヴォック
0720
キテラ島
0800
0800
イギリス駆逐艦
アイレックス
ハヴォック
ヒーロー
アンテキテラ水道
0815
コレオニ沈没 0840
スパダ岬
0630
スダ湾
クレタ島
イタリア軽巡洋艦
ジョバンニ・デレ・
バンテ・ネレ・
バルトロメオ・コレオニ

いジョバンニ・デレ・バンテ・ネレは、すでに瀕死の重傷を負って虫の息の姉妹艦バルトロメオ・コレオニを無情にもそのまま見捨て、一目散に逸走してしまった（その時まだコレオニは沈没してはいなかった）。

傷を負ったとはいえ、さすが名にし負うイタリア軽巡洋艦。追跡して来る鈍重なシドニーを、グングン引き離して、水平線のかなたに消えて行ってしまった。

しかしシドニーの方でも、これはむしろ、ホッとした。

なぜならば、彼女の弾薬庫には、ほとんど残弾がなかったからで、万が一にもバンテ・ネレが思い返して逆襲して来たら、結果はどうなったか、だれも予測できない。バンテ・ネレの艦長がこれを知ったら地団駄を踏んでくやしがっただろう。だがシドニーの参戦前から駆逐艦を襲っていたバンテ・ネレ自身も、弾薬が不足していたのではないかと推測される。

やがて沈没したバルトロメオ・コレオニから、数名のイタリア将兵が濡れねずみとなって救い上げられた。その中には重傷を負った艦長の姿も見えたけれど、彼は間もなく絶命してしまった。

この小海戦において、イギリス側は何らの損害をもこうむらなかった。だがイギリス艦隊がエジプトのアレキサンドリア軍港に帰る途中、イタリア爆撃機隊が現われ、彼らの頭上に襲いかかった。それは味方巡洋艦の救援におもむいたのであるが、すでにあとの祭りであった。

腹いせに投下した爆弾の至近弾で、シドニーの直衛をしていた駆逐艦ハヴォックが小破した。これがイギリス側唯一の損害である。

けれどもイタリア空軍は「シドニー級軽巡洋艦一隻撃沈」と発表して、自己の両目をほどこそうと、羊頭狗肉の策を弄していたのだ。

翌七月二十日、昨日の戦いで取り逃がした軽巡洋艦ジョバンニ・デレ・バンテ・ネレに、最後のとどめを刺そうと、二本煙突の旧式な航空母艦イーグル（二万二六〇〇トン）は、北アフリカのイタリア領トブルク軍港に奇襲をかけた。その搭載機はおなじみの、二枚羽フェアリー・ソードフィッシュ雷撃機である。ところが港内には、昨日確かに逃げ込んだと思わ

イギリスの軽巡洋艦シドニー。15.2センチ砲８門を搭載、最大33ノット。

れるバンテ・ネレの影は見えない。仕方なく、停泊中の油槽船と駆逐艦オストロ（一〇七三トン）とネムボ（一〇九二トン）を爆撃して、わずかにうっぷんを晴らした。

思う獲物にありつけなかったイーグルは淡い失望を感じつつ、アレキサンドリア軍港に帰っていった。これが同海戦の後日譚だ。

このスパダ岬海戦は比較的少ない巡洋艦同士の小ぜり合いである。

もちろん、第二次大戦中、巡洋艦と駆逐艦によって構成される小艦隊の海戦は、何十回となくくり広げられたが、そのどちらかが、大抵船団を援護していたり、あるいは数隻の巡洋艦同士の大規模な艦隊決戦に発展してしまっている。

この一〇日ばかり前のプンタ・スティロ海戦（イギリス側呼称カラブリア岬の海戦）によって自信を失いかけたイタリア海軍は、このスパダ岬海戦により一層その感を深くしたのだ。

元来、イタリアの軍隊は白鳥のようにエレガントで、その快速を誇ったものだが、いざ蓋をあけてみると、案外見かけ倒しで防御装置が薄いため、自分よりも劣勢なイギリス艦隊にひどい目に遭わされるということが、随分と起こっている。だが何よりもファイトの欠如がイタリア艦隊の敗因ではあるまいか？

一九四二年の二月、ジャワの北方で二隻の駆逐艦をともなったイギリス重巡洋艦エクゼター（八三九〇トン）が、同じく二隻の駆逐艦を率いたわが「足柄」「妙高」（各一万一五〇〇トン）に沈められた時はもっと勇敢に戦った。

「事なかれ主義」のイタリアに反して、オーストラリアは中距離戦の場合、自己の二倍の砲撃力を持つイタリア艦隊に、いささかも憶するところなく飛びかかって行ったのだ。その勇猛さを高く評価された艦長は、ただちにC・B勲章を授与せられた。

なおシドニーはこの三週間前、早くもイタリア駆逐艦エスペロ（一〇七三トン）を血祭りにあげたという輝かしい戦功の持ち主なのだ。

だがイタリア側はなぜ、自分より劣勢なイギリス艦隊の姿を見て退却したのだろうか。それは前述のようにシドニーの後方からついて来る駆逐艦ハヴォックをシドニーの姉妹艦と計算したためだ。こう考えると、ハヴォックの敵に与えた心理的効果は、主力艦の一斉射撃よりも大なるものがある。

人間は一度逃げ腰になると、たちまち臆病風に吹かれるものなのだ。ましてや生命をかけた戦場の複雑な心理においておや、である。なお蛇足ながら、ハヴォックという艦名は一七九六年の戦役で、オランダの軍艦ハヴィク（鷹の意）を捕獲した勝利を記念するためにイギリス海軍が採用した艦名で、ハヴォックはそのオランダ語をナマったものだ。

次に速力三二・五ノットのシドニーが、なぜ三七ノットのバルトロメオ・コレオニに追いついたのだろうか。（実際には、両軍とも上記の速力を出してはいない模様だ）

「三角形の一辺は他の二辺の和よりも小なり」

これは幾何学の定理だが、イタリア巡洋艦は二辺の和を走ったのに、シドニーは一辺を走ったからだ。

即ちイタリア艦隊はクレタ島スパダ岬をよけるため、艦首を右舷前方に向けた時、イギリス艦隊は右舷後方から追撃して来たのだ。だからもし、カサルディ提督が、遠道になるのを覚悟の上、クレタ島の東を回る心算で舵を左にとったならば、必ずや自分よりおそい敵を振り切ることができたに違いない。もちろん、そのような行動をとる場合、別の危険なり、抵抗なりに遭遇するかも知れない。けれど目前に差しせまった危機からは逃れることができたであろう。

最後に僚艦の乗組員の救助作業に従事することなく〝風と共に〟逃げ去ったジョバンニ・デレ・バンテ・ネレの行動であるが、一刻一秒を争う戦闘の真っ最中に、エンジンを止め、ボートを下ろしてコレオニを救助することなど、自殺行為にも等しい。そんなことをしていたら、自らもシドニーに追いつかれ、猟犬のようなイギリス駆逐艦に食いつかれて、犠牲をさらに大きくするだけのことだ。

日露戦争の蔚山沖巡洋艦戦において、日本艦隊の猛攻を受け、一番最後を走っていたロシア装甲巡洋艦リューリック（一万九三六トン）が、一人取り残され火災を発生したことがあった。その時、無事逃げのびた装甲巡洋艦ロシア（一万二一九五トン）とグロムボイ（一万二三五九トン）の二隻は、僚艦リューリックの急を救うため、再びとって返し、わが装甲巡洋艦「出雲」（九七三三トン）、「吾妻」（九三二六トン）、「常磐」（九七〇〇トン）の三隻から、袋だたきの目にあった歴史を思い起こす時、あえて非難するには及ぶまい。

感情におぼれては、よい戦闘はできない。戦いとは、かくも無情なものなのだ。海神ネプチューンは、冷酷なのだから……。

これより約一ヵ年ののち、ドイツ軍のクレタ島上陸をめぐって、イギリス海軍と枢軸国空軍との間に、はげしい海空戦が展開され、イギリス駆逐艦や巡洋艦がこの近海で次々と沈んで行くのであるが、それは憤死せるコレオニの亡霊が、さし招いているような気がしてならない。

7　あゝジャーヴィス・ベイ

「我は、よき羊飼なり。よき羊飼は、羊のため、生命を捨つ」――ヨハネ伝、第十章十一節。
それは灰色の雲がたなびき、どんよりと曇った夕方であった。輸送船団は、荒れ狂う北大西洋の波に行き悩みながら、東へ東へと進む。その名は、ハリファックス第八十四船団。とにかく、大変な数だ。数えてみよう。一隻、二隻、三隻、四隻……合計三八隻の大船団である。

これだけの貨物船の吐く黒煙は、さながら大工業地帯の煙突のごとく、あるいは淡く、あるいはしっぽりと、あたりの海上を包んでしまう。

先頭を行くのは、仮装巡洋艦ジャーヴィス・ベイ。二本マスト、ヒョロヒョロと細長い一本煙突。長船尾楼の姿が印象的だ。赤地の隅にユニオン・ジャックを配したイギリス海軍徴用船旗が、ハタハタとうすら寒い潮風にはためく。

船団の行く手は、さておき、彼らの任務について、しばらく考察してみよう。

資源の貧弱な島国イギリスにとって、海上輸送は、文字通り、生命線だ。彼らの食糧は遠く海を越えて、南・北アメリカから運ばれ、工業原料や、石油をはじめとする重要資源なども、すべて輸入にまつよりほかない。第一次大戦の終わった時、勝ったイギリスは、あと三週間分の食糧をあますのみであったとはよく言われていることだ。

だからドイツ海軍は、今度の第二次大戦でも、アメリカやアジアから、生活必需品や戦略物資を、船倉いっぱい積んでやって来る商船を、片っ端から打ち沈めた。イギリスを経済的に、参らせてしまおうというわけだ。

多くの通商路のうち、イギリスにとって一番大切なルートは、カナダのハリファックスから、七・五ノットの速力でイギリス本国へ向かう「ハリファックス船団」であった。七・五ノットといえば自転車の速さと同じで、牛のように、ノロノロとした歩みぶりである。

後期には、やっと一〇ノットに改められたけれど、一九三九年九月十六日、即ちイギリスが対ドイツ戦に立ち上がって一三日目に、最初のハリファックス船団が錨を上げたのである。

それ以後、この航路は、八日おきに船団を送り、三日〜四日ごとに、定期的に、イギリスの港に入港させていたのである。これらの船団が、貴重な軍隊を乗せている時には、少なくとも一隻以上の戦艦と、二隻以上の軽巡洋艦とが、途中までつきそった。

なぜならば、ドイツ海軍は従来のごとく、Uボートや貨物船を改装した仮装巡洋艦だけではなく、海上兵力の主力たる戦艦までも投入して、交通路を狙い出したからだ。

ドイツ海軍が、ただでさえ少ない戦艦を、商船相手の通商破壊戦に使用することは、ちょっと考えると、もったいない気がする。しかし、有力なイギリス本国艦隊との海上決戦では、量的に、とても勝ち目がないと諦めたドイツ海軍は、思いきって艦隊をバラバラに分散させ、ドイッチュランド、アドミラル・グラフ・シュペー（各一万四〇〇〇トン）、シャルンホルスト、グナイゼナウ（各三万二〇〇〇トン）などの戦艦を、それぞれ商船狩りに出動させたのである。

従ってイギリス海軍は、第一次大戦時代のように、その有力な艦隊を北海に集結させて、ドイツ海軍に睨みをきかせてもあまり効果がなく、八六〇〇万平方キロもある広漠たる大西洋を血まなこになって、いずことも知らぬドイツ通商破壊艦を捜し求めなければならなかった。

だから、ビスマルク（四万一七〇〇トン）にせよ、アドミラル・グラフ・シュペーにせよ、あるいはシャルンホルストにもせよ、ドイツの戦艦は、どれもこれも敵戦団狩りに出かけたところを、有力なるイギリス艦隊と出合って、ただ一人孤立無援の状態で憤死しているのだ。

さて、いよいよ話をドイツ戦艦アドミラル・シェアー（一万四〇〇〇トン）に移そう。

彼女はヴェルサイユ条約の厳重な制限を受けたドイツ海軍が、心血をそそいで建造した豆戦艦（ドイツ海軍の正式呼称は装甲艦）であり、戦艦で対抗すれば、その高速を利用して逃げてしまうし、重巡洋艦で向かえば、反対に返り討ちにされるという、イギリスにとっては極めてヤッカイな存在である。また、大型艦としては、めずらしくディーゼル機関を備え、その足の長さにものを言わせて長期の通商破壊が可能なように、あらかじめ設計されたものであった。

長らく機関の故障で動けなかったが、やっと修理を完了した彼女は、一九四〇年十月二十七日、バルチック海のグディニア軍港を、こっそりと出帆、勇躍大西洋の商船狩りに出かけた。四ヵ月前、イタリアが参戦したので、大西洋の警備についていたイギリス戦艦の一部は、すでに地中海方面に回航していた。だから、戦艦アドミラル・シェアーは、今や大手を振って出撃できるようになったのだ。アイスランドとグリーンランドの間のデンマーク海峡を通過した彼女は、カナダのハリファックス港より、第八十四船団が、去る十月二十七日出港したという情報を入手し、十一月三日過ぎには、それを迎撃しようと待ち伏せしていた。今になって考えると第八十四船団が、受難の旅に出帆したのと、シェアーが、すべるようにグディニア港をあとにしたのが、同じ日付であるのも、何かの因縁だ。

一九四〇年十一月五日のことである。アドミラル・シェアーの煙突の後方には、ドイツ海軍独特の、短いハインケル式カタパルトが装備されている。そのカタパルトから、勢いよく射ち出されたスマートなアラド双フロート水上偵察機が、南東方に、目ざすイギリス船団を発見した。すかさず戦艦は、スピードを上げて、これに向かう。

だが艦長クランケ大佐は、頭を悩ました。天候が悪化して波に妨げられ、思うように速力が出ないので、船団への攻撃は、ちょうど、日没ごろになってしまうのではないかと。そう

ドイツの戦艦アドミラル・シェアー。28センチ砲６門を搭載、28ノット。

なると、仕事がやりにくくなる。途中、クランケ大佐は思わぬ拾いものをした。

それは午後二時二十七分、イギリス貨物船モーパン号を発見して、次のように信号を送ったことだ。

「止まれ！　無電を発するべからず。しからざれば、我、汝を砲撃せん！」

こうなれば、もはや、蛇ににらまれた蛙である。

「もう、だめだ！」

うなだれたモーパン号船長は、おとなしく降伏しようと、腹を決めた。六八名の乗組員が、戦艦に収容されたのち、モーパン号は沈められた。もしこの時モーパン号が、打電禁止の命令を破って「付近にドイツ戦艦あり！」と警報を発していたら、これから述べるような悲劇は、あるいは起こらなかったかも知れない。

一方、こちらはハリファックス第八十四船団である。ニューファンドランドとアイルランドの間といえば、北大西洋の真ん中である。あわれな小羊たちは、行く手に待ち受けている恐ろしい運命を、つゆ程も知らず、た。

しずしずと進んで行く。陽は海面をオレンジ色に照らし、西の水平線に顔を没さんとしていた。

三八隻の船団は、見わたす限りの海面をおおい、まさに「壮観」の一語につきる。だが編隊航行の経験のないこれらの船をまとめ、ややもすれば隊列を乱しがちな商船を指揮して行く先頭の仮装巡洋艦ジャーヴィス・ベイの苦労は、並大抵のものではなかった。

午後四時五十分。水平線のかなたに見なれぬ軍艦のマストを発見して、どの船長も顔色を失った。

「ドイツ戦艦だ！」

警報が高々と鳴りわたり、あたりは蜂の巣をつついたような大騒ぎとなる。ある商船は右に、またあるものは左に蛇を切って、今までがっちりと組んでいた隊型をくずした。分散すればするほど、いっぺんに沈められる機会は少なくなるし、なかには運よく逃げきる船もあろうというものだ。

二年後の一九四二年七月四日、ロシア向けのイギリス輸送船団PQ17が北極海でドイツ新戦艦テルピッツ（四万二五〇〇トン）に襲われそうになった時も、やはりこのように陣型をちりぢりにした。船団の中央には、シェアーの二八センチ砲の一斉射撃が落下し、貨物船のマストよりも高く水柱を上げる。あわてた商船は、クモの子を散らすように、われ勝ちに逃げ出す。今ぞ、船団は、危機に直面した。

だがこの時、思いがけぬことが起こった。一隻の商船が転針して、ドイツ戦艦に向かって行くではないか！

ジャーヴィス・ベイだ。けなげにもただ一隻、有力な敵戦艦に食ってかかろうというのか。それには、この船団の司令たる同艦の艦長フェーゲン大佐が座乗していた。彼は自らを犠牲にして敵艦の砲火を吸収し、その間にあわれな小羊たちを逃がしてやろうと、悲壮なる決意をしたのである。

すでにして、夜のとばりは、北大西洋に下りた。もう少し、時をかせぐことができれば、バラバラになった船団は、暗黒の中に逃げきることができよう。だがなんと勇敢なその決意たることよ！

仮装巡洋艦とは言っても、ジャーヴィス・ベイは、総トン数一万四一六四トンの客船だ。それはロンドンに本社を置くトンプソン会社の船で、五四二名の乗客を乗せることができた。一九二二年の建造である。そして、備砲として、旧式な一五センチ砲を七門備え付けただけにすぎない。速力といい砲撃力といい、あるいは防御力といい、全くアドミラル・シェアーとは比較にならない。何分持ちこたえることができるかの問題だ。船団と、ジャーヴィス・ベイとの距離は、みるみる開き、反対にシェアーの影はグングンと大きくなる。

ピカッ、ピカッ。はるか水平線のシェアーが撃つ砲火のひらめきがチラつく。一万六〇〇〇メートルより、敵はイギリス仮装巡洋艦を狙いはじめたのだ。ジャーヴィス・ベイも、負けずに応戦する。

だが、悲しいかな、彼女の旧式な一五センチ砲は、とても敵艦までとどかない。途中の海

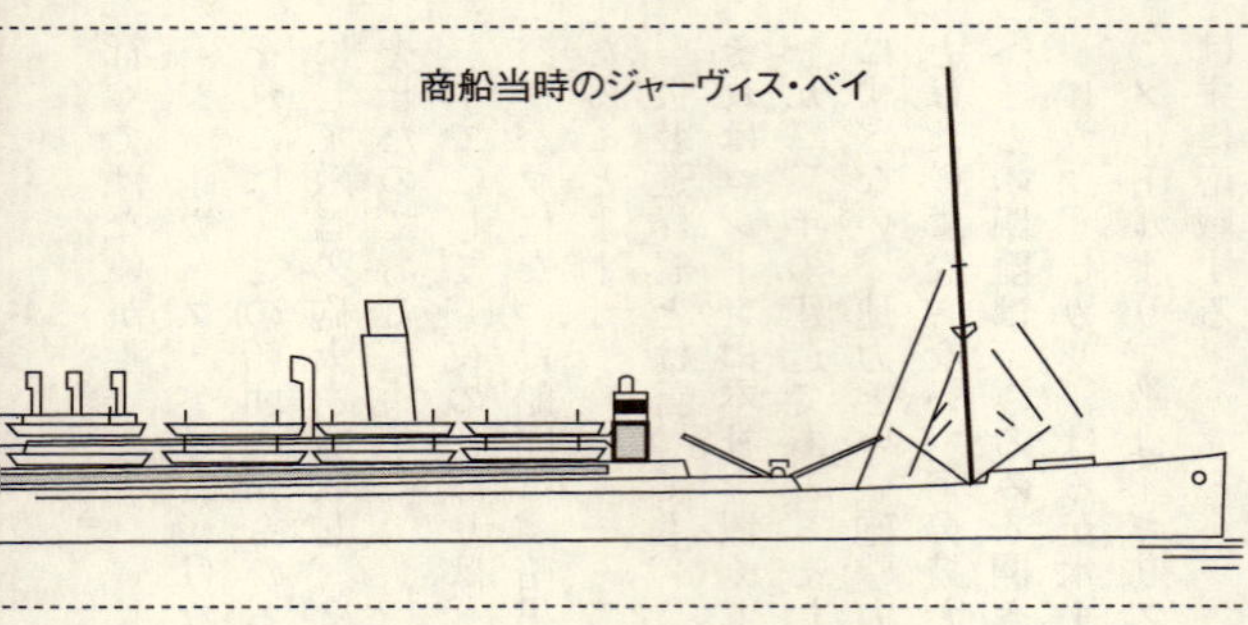
商船当時のジャーヴィス・ベイ

面に落下して、いたずらに魚を驚かしたにすぎない。言わば大人と子供との果たし合いだ。

数こそ一対一だが、二〇倍以上の実力を持つ相手である。フェーゲン大佐は、ジャーヴィス・ベイの艦橋に仁王立ちになり、双眼鏡を目にあてたまま、静かに命令した。

「煙幕を展張せよ！」

数十秒ののち、ジャーヴィス・ベイの細長い煙突は、真っ黒い煙をもうもうと吐き出す。これで、後方の船団をかくそうというのである。

ドイツ戦艦アドミラル・シェアーの照準は、次第に、正確さを増して来る。そして次々と、二八センチ砲弾は、あわれな仮装巡洋艦に命中し、その度に彼女は大きくよろめいた。中央部から発生した火災は、メラメラと悪魔の舌のように踊り出し、あたりの海面を、あかあかと照らした。

突然、ジャーヴィス・ベイの砲撃が乱れてきた。砲火指揮装置をやられたのだ。それでもなお、最後の力をふりしぼって、戦闘は夜六時まで続いた。

こんな一方的な戦いが、一時間近くも続いたということさえ不思議だった。

すでに、彼女はひどく傾き、その砲はまったく沈黙してしまった。先程、発生した火災は、船全体をなめつくし、機関を撃たれて動けなくなったジャーヴィス・ベイは、もはや漂流する鉄屑にすぎなかった。

「総員、退艦せよ！」

だがこの時、乗組員の三分の二は、とうの昔に冷たいむくろと化していたのである。それでも廃墟と化した船体は、二時間後の八時近くまで、ひどく傾きながらも、どうやら浮いていた。これが、仮装巡洋艦ジャーヴィス・ベイの悲壮な最期であった。

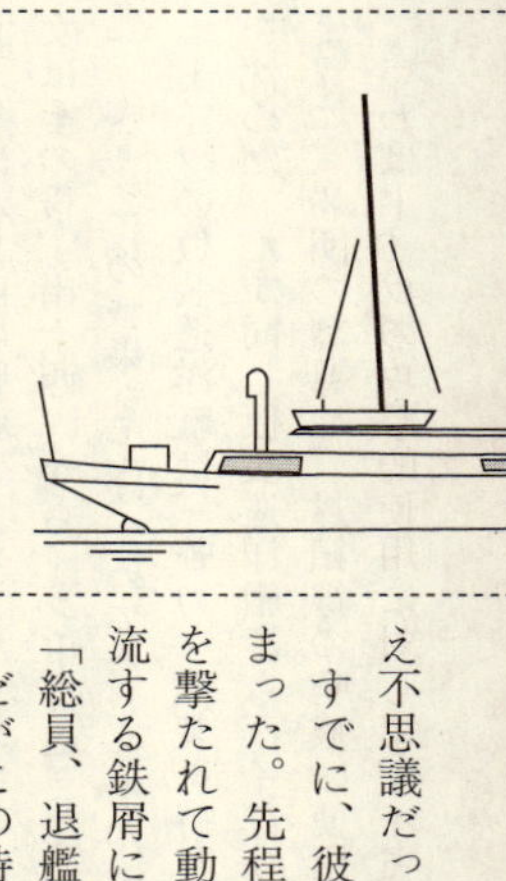

フェーゲン大佐以下二〇〇名近くの尊い生命が失われ、わずかに六五名が、たまたま付近を通りかかった、スウェーデンの一貨物船に救助されたにすぎない。

一方、一時間以上も、ジャーヴィス・ベイのために、てこずらされてしまったドイツ豆戦艦アドミラル・シェアーは、おくればせに四散したハリファックス船団を追いかけたが、すでにして日はとっぷりと暮れ、獲物といったら、たった五隻（合計四万七〇〇〇トン）にすぎなかった。だから、ジャーヴィス・ベイの死は、決して無駄ではなかったのだ。

同船団の一隻、タンカーのサンデメトリオ号などは、シェアーに撃たれ、積んでいた七〇〇〇トンの石油に火がついたので、夜半乗組員はタンカーを放棄してボートに乗り移った洋上で、さむざむと夜をすごす彼らの脳裡に、今もなおありありときざみつけられているのは、数時間前必死になって敵戦艦に肉薄するジャーヴィス・ベイの後ろ姿であった。

翌朝、まだ沈んでいない無人のサンデメトリオ号に思いもかけず再会した一部ボートの水夫は、ふたたびタンカーの人となり、はげしい消火作業ののち、羅針盤などの航海器具もなしで、ついにイギリスの港にたどりつくことができた。このあたりは、映画『北大西洋』に、くわしく物語られている。

さてジャーヴィス・ベイが、死の直前に発信した無電のために、その位置を明らかにイギリス海軍に捕捉されてしまったドイツ戦艦アドミラル・シェアーは、この海域に長くとどまることの危険を感じて、あわてて転路を南に取り、ポルトガル領アゾレス群島方面に向かった。

一年ばかり前の戦艦アドミラル・グラフ・シュペーの失敗を、くり返さぬためである。彼女はその後、南大西洋からインド洋にまで足を延ばし、六ヵ月間に一七隻（合計一一万三二二三総トン）の戦果を上げ、めでたくキール軍港に凱旋するのである。

ドイツの仮装巡洋艦は、強力な武装を持ち、中立国の商船に偽装しては、イギリスの商船を沈めた。だが同じ仮装巡洋艦でも、イギリスの場合はジャーヴィス・ベイにその例を見るように、船団の嚮導や、封鎖線の哨戒に使用された。

いわばドイツの攻撃的使用に対して、イギリスの仮装巡洋艦は、防御的な意味に活躍したのだ。従ってその活動は地味で、ともすれば華やかなドイツ仮装巡洋艦の戦果に著しく見劣りする。

これは戦略的、経済的な相違が原因しているのだから仕方がない。だがラワルピンディと、このジャーヴィス・ベイに関しては、その例外であるということができよう。

元来、仮装巡洋艦などの活躍は、軍の機密として発表されないのが普通であるが、自ら身を挺して船団の危機を救った、ジャーヴィス・ベイと艦長フェーゲン大佐の名は、戦時中であるにもかかわらず、広く世界に伝えられ、聞く人々の涙をさそわずにはおかなかった。フェーゲン大佐は、死後、戦功により、イギリス最高のヴィクトリア勲章を授けられ、その悲壮な決断力と勇気とは、永くイギリス軍人の鑑とされた。

ジャーヴィス・ベイの最期は、イギリス海軍の内部に、いろいろと複雑な問題を起こした。上層部は、「第一次大戦の一九一四年以来採用されている、商船を武装させた仮装巡洋艦による輸送船団の護衛制度が、決して無駄ではなかった」と意見を表明したけれど、輸送船団の護衛兵力が、あまりにも貧弱であるというはげしい非難を、まぬがれることはできなかった。

特にこの非難は、商船隊出身の士官に多かったことは言うまでもない。また今後も予想されるこのような局面に対して、大船団にはイギリス海軍の航洋潜水艦による護衛を付けることによって、ドイツ戦艦に睨みをきかそうという意見も出た。

ジャーヴィス・ベイは沈んだ。だが、その英雄的な最期は、栄光あるイギリス海軍の歴史に、永遠にその名をとどめるであろう。現在、豪華船の行きかう北大西洋の波だけが、この悲劇の目撃者であるのだ。

最後に、仮装巡洋艦ジャーヴィス・ベイ（一万四一六四トン）は、駆逐艦ジャーヴィス（一六九五トン）とは、全然関係のない別のものであることを断わっておく。

8　タラント港空襲

イギリス海軍は開戦前からタラント港にいるイタリア艦隊を、空母機によって奇襲することを夢見ていた。一九四〇年（昭和十五年）六月にイタリアが参戦した時、地中海におけるイギリスの空母の存在を示すと次のようになる。

アレキサンドリア港　イーグル
ジブラルタル港　アークロイアル

このように二隻の空母は東西からイタリア艦隊をはさみ打ちにするかのような印象を与えた。特に同年の夏、新鋭空母イラストリアスがアレキサンドリア港に到着してイギリス海軍の士気を高めた時、イギリス地中海艦隊司令長官ジョン・カニンガム中将は、今こそタラントのイタリア艦隊に奇襲攻撃を加えてやる機会だと思い立った。まだ真珠湾攻撃の一年以上も前で、空母機が敵艦隊の泊地へ堂々と攻撃をしかけたことがなかった時代である。
九月には本国から長距離飛行用補助タンクが到着した。そこで地中海マルタ島の英空軍基地より偵察機を飛ばして同港の地形が研究され、タラント軍港奇襲作戦のプランは着々としてその準備が進められたのである。その具体的な計画はリスター少将によって立案された。彼は航空戦隊の司令官で、一年後、カニンガム中将の片腕としてマルタ島緊急輸送に三隻の空母を指揮したほどの男である。予定日は十月二十一日の夜と決定し、雷撃機搭乗員の訓練がくり返された。

使用される空母は新鋭のイラストリアスのほか、もと、チリの戦艦を改造した二本煙突の旧式空母イーグルの二隻であった。だがこの訓練中、主役である空母イラストリアスの格納庫より火災が発生して、搭載機を破損し、二〇日後の十一月二十一日に延期するのやむなきに至った。理由は簡単だ。

照明弾の使用は広い港内をくまなく照らし出すのには当てにならぬとされ、したがって月光のみを頼るにはこの日の月の状態が最ものぞましいからである。ところがまたまた障害が起こった。それは作戦行動開始二日前に至って、空母イーグルが以前受けた至近弾のためガソリン・タンクに割れ目が生じ、ガソリンの漏れがひどくなって、とても作戦に参加し得ぬことが明らかとなったからである。

それで五機のソードフィッシュ雷撃機を、イーグルよりイラストリアスに積み替えた。イラストリアスにとっても、これ以上搭載機を収容することができないからだ。

後年貴族の称号を受けるカニンガム中将は、旗艦である戦艦ワースパイトに将旗をかかげ、古代ギリシャのアレキサンダー大帝が建設したと言われるエジプトのアレキサンドリア港より、麾下の東部地中海艦隊を率いて出撃した。だがイタリア側では十一月七日の夕方、すでにこの出動を探知していたのである。彼の艦隊は西進していったんマルタ島の沖に向かい、駆逐艦は同地に入港して給油を受けた。

たまたま本国から応援隊として旧式戦艦バーラム、巡洋艦バーウィック、グラスゴー、駆逐艦二隻の計五隻が到着したので、この部隊と相呼応して今来た道をとって返し、東に向かったのである。

バーラム以下の艦隊は十日、アフリカとシシリー島との間のシシリー海峡を通過したが、この姿はイタリア軍の沿岸監視隊によって発見されている。ちょうど一団のイギリス船団がマルタ島より、アレキサンドリア港へ向かう予定だったから、カニンガム中将はイタリア軍をしてイギリス艦隊の任務はどこまでも船団護衛であると信じさせ、その隙に船団を分離、突如北上してタラント港へ向かわんとしていたのであった。

タラントはイタリアの長靴半島の「土踏まず」のあたりにあり、紀元前八世紀ごろギリシャ人によって建設された静かな町で、海岸にまで石の家がギッシリと建ち並んでいた。それはわが国の呉か横須賀にも比すべき重要な軍港で、開戦時には、次のような有力なイタリア艦隊が静かにまどろんでいたのである。

新鋭戦艦ヴィットリオ・ヴェネット

旧式戦艦コンテ・デ・カブール、ジュリオ・チェザーレ

第一巡洋艦隊
重巡洋艦ザラ、フィユメ、ゴリツィア
第八巡洋艦隊
軽巡洋艦デュカ・デグリ・アブルツィ、ジュゼッペ・ガリバルジ
第四巡洋艦隊
軽巡洋艦アルマンド・ディアツ、アルベルト・ギュッサノ、ユニオン・デ・サヴォイア
第七、八、十四、十六駆逐隊　計十六隻（各駆逐隊とも駆逐艦四隻）
第三、六水雷艇隊　計八隻（各水雷艇隊とも水雷艇四隻）
潜水艦二一隻
護衛艦、砲艦など計四隻
敷設艦ヴィエスト、アジオ
高速魚雷艇八隻

だが一九四〇年十月二十八日、イタリア陸軍はギリシャへ侵入を開始したので、海軍はこの動きに応じてオトラント海峡に輸送船団を往復させていた。そしてギリシャ方面作戦部隊として第一次大戦型の旧式巡洋艦タラント、バリ、および二隻の駆逐艦、三隻の護送艦が派遣されたが、このほか、大部分のイタリア艦隊がこの方面に待機したのである。対ギリシャ戦となればイタリア両岸のジェノヴァ、スペチア、ナポリなどの軍港よりも、東岸のブリン

イタリア軍の主力戦艦リットリオ(前)とヴィットリオ・ヴェネット(後)。

ディシやタラントの方がずっと重要性を帯びてくる。

そこでイタリア海軍司令部はスペチア、ナポリ、シシリー島などに配置されていた戦艦リットリオ、アンドリア・ドリヤ、カイオ・デュリオまでもタラントに回航を命じたのである。ここがカニンガム中将の思う壺であった。イタリア空軍の索敵機は戦艦ワースパイト以下のイギリス艦隊がアレキサンドリアより出港したのを発見し、タラントのイタリア艦隊もこれと戦闘をまじえるべく、ただちに準備にとりかかっていたのである。そして、まず爆撃機の小編隊を西進中の英艦隊にさし向けてきた。

イタリア海軍とて、手をこまねいて、これを傍観していた訳ではない。しかしイラストリアスのグロスター・グラディエーター、およびファルマー戦闘機によって、イタリア爆撃機隊とその後再び偵察にやって来た索敵機とが、ことごとく撃ち墜とされてしまったので、イタリア海軍は英艦隊の行動を知らず、敵をしてマルタ沖に到着、船団と合流して再び東進することを許したのである。

先にイタリア偵察機は、英船団がマルタ島に向かっているのを報告したけれども、距離が遠すぎたのでイタリア艦隊は出撃を中止していた。十一月七日の日没ごろ、イタリア海軍は英船団の南方を戦艦ワースパイト、ヴァリアント、空母イラストリアスなどが南へ退却中であるのを確認した。このコースは明らかにタラントとは反対の方向である。これでタラント港の空襲される可能性は去った。

退却中のイギリス艦隊に対して追い打ちをかけるべく、七隻のイタリア潜水艦が出撃し、夜半にはマルタ島水域を水雷艇隊が哨戒、さらに二五機が英艦隊の攻撃に向かった。だがこの航空部隊は英艦隊を発見することができず空しく基地に帰投し、潜水部隊もまた英艦隊と会敵のチャンスに恵まれなかった。イタリアの空軍は艦隊と協力する技術が劣っており、特に索敵、および艦船攻撃が下手だった。開戦時には旧式なカント-501哨戒機が索敵に使用されていたが、全備重量があまりに大きくて性能がすぐれず、十月の半ばより新型の飛行艇カント-Z506を使用する予定であった。しかし実際には計画通りに行かず、依然として旧式機が用いられるという有り様で、イタリア側の偵察索敵能力の不足がタラント港の悲劇の最大の原因であったと言えよう。そんなわけで、イタリア海軍はカニンガム中将の率いるイギリス東部地中海艦隊が再び反転、しのび足で近づいて来るのに気がつかなかった。

いや、感づいてはいたが、偵察機の報告がアイマイでその位置について楽観的な観測を下

英海軍の空母イラストリアス。搭載機36機、11.3センチ高角砲16門搭載。

していたのである。

旗艦たる戦艦ワースパイトに率いられたイギリス艦隊は、一九四〇年十一月十一日の午後、ついに敵国水域に足を踏み入れ、イタリアの長靴半島の靴底よりかかとの部分に向かっていた。

この時カニンガム中将は三隻の軽巡洋艦を偵察艦隊として、アドリア海の南部にまで分派先行させていた。この部隊の活躍はのちにふれるとして、本隊も戦艦よりなる主隊と、空母よりなる空襲部隊とに分かれ、後者はただちに北上してタラントに向かい、戦艦部隊はこれよりやや東進してイタリア艦隊の出撃にそなえた。

この間にイラストリアスより一機がマルタ島の基地へ飛び帰り、タラント港への空中写真偵察を終えて着陸したばかりの英空軍機より、リレー式に写真を受け取り、母艦に舞い戻って来た。写真検討の結果、別のイタリア戦艦も入港したことがわかり搭乗員を喜ばせた。

十一月十一日夕刻六時、リスター少将はついに作戦命令を発し、八時三十分、タラント港より二七〇キロの地点より第一波一二機の搭載機を発進させた。約一年後に行なわれたハワイ空襲では、これより三割も遠い三六〇キロの距離より攻撃を加えているが、日本もイギリスも共に泊地の敵艦隊攻撃が直前に発見されなかったという幸運に恵まれている。

敵本土に二七〇キロの近くまで、しのび寄ったリスター少将の勇敢さは認めねばなるまいが、この距離は二枚翼のソードフィッシュ雷撃機の航続距離より計算されたものであった。

第一波計一二機のうち、雷撃機が六機、四機が爆撃機、他の二機が四発の照明弾と爆弾とを積んでいたが、この二機は港内に入ってから南よりのコースをとって味方雷撃隊のため、イタリア艦船の頭上にパラシュート付き照明弾を落下させ、港内をあかあかと照らし出したのである。

これらと四機の爆撃機は、ずっと内部の駆逐艦や巡洋艦を狙い、その一発は重巡洋艦トレントの艦橋を突き破り、他一発は駆逐艦リベッコに命中したが、惜しいことに二発とも不発に終わったのである。港内のイタリア艦艇にとって、これは青天のヘキレキであった。

突如、鳴りひびく空襲警報！　あわてた彼らはやたらと探照灯を照射し、その高角砲の閃光は一瞬あたりの闇をオレンジ色に染める。爆撃機がイタリア艦隊の防御砲火をひきつけているうちに、六機の雷撃機がマストすれすれの超低空で戦艦群を襲った。その巧妙なチームワークは、綿密に計算されていたのである。

約一時間ののち、二機の爆撃照明機と五機の雷撃機の計七機よりなる第二波が到着した。

この夜のうちにイタリア主力艦隊はほとんど壊滅的打撃をこうむったのである。

戦艦リットリオに三本、カイオ・デュリオに一本、コンテ・デ・カブールにも一本の魚雷が命中した。それにひきかえ、英軍機の損害はわずかの二機であった。

そのうちカブールの第二砲塔の真横に命中した魚雷一発は、致命的な打撃を与え、同艦は艦首を海中に突っ込んで大破、二度と使用不能に陥り、リットリオも前部右舷へ二本、後部左舷へ一本の魚雷を受けたのである。だがさすがに新艦隊だ。カイオ・デュリオと共に数日中に危険状態を脱して造船所へ修理に送ることができた。驚くべき幸運はリットリオの上にとどまった。竜骨（キール）の真下の海底の泥の中に不発の魚雷一本が突きささっているのを、潜水夫が発見して大騒ぎとなり、同艦を動かすのに細心の注意が払われた。もし艦底でこの一本が爆発していたら、同艦は致命的な打撃を受けたであろう。浅海面への航空魚雷発射は、余程低空より行なわないと、このような事故を起こすもので、ハワイ攻撃の際、わが航空部隊を技術的に悩ませたのは、真珠湾底が一〇メートルそこそこの水深しかなく、また周囲の山々をはじめ、多くの邪魔物が雷撃を妨げるようにそびえ立っていたからであった。

イタリア水兵の言によれば「英軍機は戦艦のマストすれすれに下りて来た」と言っているが、このタラント港空襲がハワイ攻撃に大いに参考となっているのは否めない事実である。イタリア海軍の対空砲火も末期には著しく向上したが、造船所と重油貯蔵タンクも小規模な爆撃を受けた。わずか二一機でイタリア主力艦隊の六〇パーセントを瞬時にして無能化したのであるから、イギリス海軍が「栄光たるタラント港空襲」を誇らぬ訳はない（日本軍のハワイ空襲は三五一機という大規模なものであった)。

駆逐艦の一隊に守られた空母イラストリアスは、十一月十二日の朝、戦艦ワースパイト、マラヤなどの本隊と合流、一目散にアレキサンドリアに向かって帰路についた。ウロウロしていればイタリア空軍の反撃を受けること必至である。案の定、イタリア空軍機が散発的に追って来たが、イラストリアスのグロスター・グラディエーター戦闘機、およびフェアリー・ファルマー戦闘機によって撃退することができた。

この戦いはイギリス空母の一方的大勝利に終わったが、イタリア海軍はタラント軍港の防空に専心しなかったのであろうか？　とんでもない。彼らは彼らなりに努力はしていたのである。索敵機の能力が劣勢であったことは先にも述べたが、タラント港内には二八個の阻塞気球を楕円形をえがいて上げ、その中に戦艦や重巡洋艦をスッポリと囲んでいたのだ。

今でこそ気球から網を垂らして敵機の侵入を防ぐことなど、全くの笑い話となってしまったが、当時は有効とされ、B29に対抗して昭和十九年にも日本陸軍が東京上空に上昇させたことがあった。銀色のソーセージのようなこの気球が英軍機の夜間雷撃をある程度防害したことであろう。それではなぜ、魚雷阻止の網を張らなかったのだろうか？

それはイタリア海軍の高官が「戦艦の周囲に防雷網など張りめぐらしていたのでは、すわ出撃という時、邪魔で、出港に時間を食ってしまう」とその設置に反対したことと、たとえ、軍令部で防雷網の使用を計画しても同国の貧弱な工業生産力が、それに伴わず、ましてや、

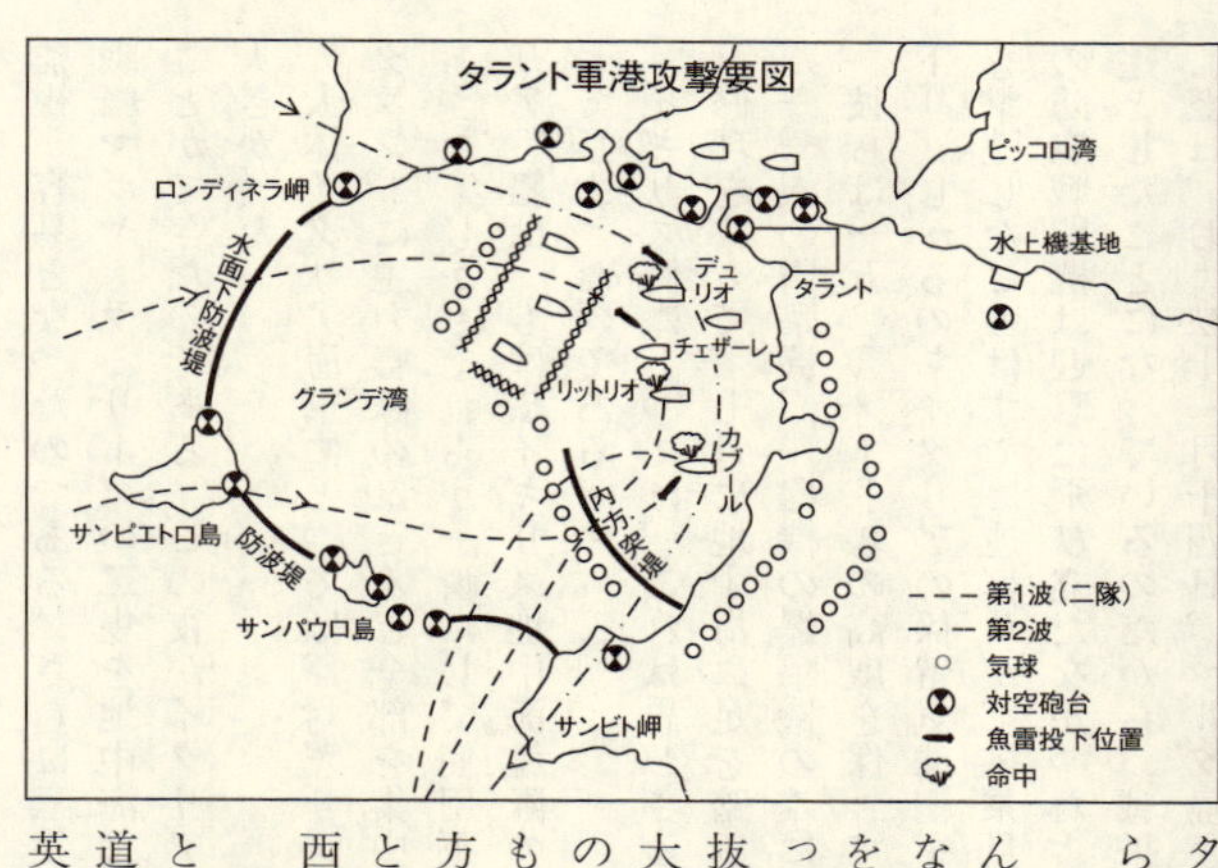

タラントのような大きな港では不足がちであったからだ。
だがたとえ戦艦の周囲をぐるりと防雷網で取り囲んだとて、この夜の損害は避け得なかったであろう。なぜならばソードフィッシュ雷撃機は艦底起爆装置を持つ魚雷を発射したからで、この魚雷は敵艦の横っ腹に命中させるのではなく、防雷網の下をくぐり抜け、艦底をまさに通過せんとする瞬間に爆発して大損害を与えるよう操作されていたからである。その状態は先のリットリオに対する不発魚雷によっても、うかがわれる。横っ腹よりも艦底で爆発させた方が、水圧の関係でずっとはげしい損害を与えることは当然だ。タラント空襲の結果、イタリア艦隊は西岸のナポリへ後退した。
従って、もしイタリア艦隊が英船団を攻撃しようとすれば、今後、本土とシシリー島間のメッシナ水道を通らねばならなくなり、ここはマルタ島よりの英空軍機の哨戒範囲内に入るから、イタリア艦隊の監視が容易となったのである。さらに三隻のイタリア艦隊が大破したことから、イギリスは戦艦マラヤ、ラミリーズの二隻を地中海よりドイツ戦艦に対抗して大西洋方面にさし向けることができたのである。この夜がイタリア海軍に与えた失望は、実際の損害よりも、もっと大きかった。

大体イタリア海軍にとっては、対ギリシャ作戦にさほど兵力をさく必要はなかったのだが、タラントに主力艦隊のほとんど全部を集中したことは「鶏をさくのに牛刀を用いる」の感があった。しかもそれらが一瞬にして使用不能となってしまったのだから、これを契機にイタリア戦艦は、もはやイギリス地中海艦隊の主力と対等に海上決戦を行なうことができなくなってしまったのである。

イギリス側にとっては、これは思わざるクリーン・ヒットであった。

修理を終えて、七月に地中海に足を踏み入れたばかりの空母イラストリアスより飛び立った一一機の雷撃機、一〇機の爆撃機のみによって、これだけの大戦果を上げたのである。

彼らは一五〇〇メートルの高度を保って飛びながら水面近くの魚雷発射地点にまですべり下り、しかるのちイタリアの係留気球網をくぐって帰って来た。イタリアの防御砲火が二機を撃墜したことはすでに述べたが、搭乗員の一部は捕虜になったと言われている。イタリアの防空戦闘機は迎撃に飛び立たなかったようだ。彼らの主張では実に三倍の「六機」を撃ち墜としたことになっているのだから、戦果とはとかく誇大に報告されがちなものだ。

翌日、および十一月十四日、マルタ島よりの英空軍機が二回にわたる写真偵察を行なう。

フェアリー・ソードフィッシュ雷撃機。最大時速224キロ、爆弾930キロ。

それが焼き付けされた時、彼らはドッと喜びの歓声を上げた。重油の流出で、うす汚くよごれた港内は、惨憺たる有り様だったからだ。

作戦に使用された航空機の数から言えば、むしろ日本海軍航空隊のハワイ空襲よりも大なる戦果を上げたことになろう。

だがタラント攻撃に関しては、これがすべてという訳ではなくもう一つ付録がある。

本隊の先頭を偵察におもむいた軽巡洋艦アジャックス、オリオン、シドニーの三隻は、タラント空襲の牽制のためイタリア東岸のアドリア海に侵入し、イギリス艦隊があたかもギリシャ方面で活躍をたくらんでいるかのごとき印象を与えんとしたが、偶然にもこの時、ギリシャよりイタリア本土へ向け帰投中のイタリア船団を発見したのである。これは四隻のからの輸送船で、第一次大戦型の旧式水雷艇ファブリツィ、および高速のバナナ輸送船を改造した仮装巡洋艦ラム三世によって護衛されていた。

ファブリツィはただ一隻、勇敢にも三隻の敵軽巡に向かったが、たちまち燃える鉄屑と化し、四隻の商船は次々に撃沈されてしまった。英軽巡の一五センチ砲弾をまぬがれたのはラム三世一隻のみで、ほうほうの態で逃げ帰った。これは英海軍のスコアをさらに完璧なものとするのに役立ったのである。

タラント港空襲は何から何までイタリア海軍の黒星だった。

タラント空襲は、よくハワイ攻撃にたとえられる。事実、泊地の敵主力艦を空母機によって損害を与え、自らは艦隊に一隻の被害をも出すことなく、敵戦艦部隊の半分近くを一挙に無能化させた点、浅海面に対する雷撃の成功、奇襲攻撃の未然に探知されなかった点、綿密に検討されたその計画など、幾多の相似点をあげることができよう。

だが両者の根本的に相違する点は、タラント空襲が、イタリア・イギリス間の開戦後すでに四ヵ月を経過した時期であったのに、真珠湾攻撃では、この最初の一発が、実に太平洋戦争における第一弾となった点であろう。

もちろん、だからと言って南雲中将の機動部隊よりも、リスター少将のイラストリアスの方が、敵軍港に接近するのが困難であったと言うのではない。途中の航路の遠大な面から考えれば、むしろ箱庭のような地中海よりも、太平洋を東南に下った日本機動部隊の方が余程苦労している。また、タラントの場合、作戦せる空母が一隻のみであったのに、ハワイ空襲に際しては、いわゆる空母集団(この場合六隻)が編成され、のちの戦術思想に多大な影響を与えずにはおかなかったのである。

現在でも「イギリス空母イーグル、およびイラストリアスより飛び立った搭載機がタラントを空襲し……」などと誤記された書物をしばしば見るが、前に述べたように二本煙突のイーグルは、タンクの漏れが激化して参加を断念したのだ。

さらにハワイ空襲は夜間に急速に敵泊地へ接近した関係上、未明の航空攻撃を行なったわけだが、イラストリアスやソードフィッシュを発進させたのは、人間が休息を必要とする日没後のことであった。もともとイギリスではイタリア海軍の実力をドイツ海軍ほど、高く評価していなかったが、そのことはチャーチル首相がタラント空襲に関してメモした次の覚書によっても、うかがい知ることができよう。

「……(中略)。三隻の戦艦と二隻の巡洋艦とに魚雷を命中させせました。それらは六ヵ月の修理を必要とするでしょう。他の三隻のイタリア戦艦はトリエスト港へ退却したのであります。いずれにせよ、それらにドイツ人が乗組員であったりするほど、危険でありますまい……」

9　砂漠の沖の駆逐艦戦

イタリア本国から地中海を南へ縦断すると、北アフリカに到着する。このあたりはリビア砂漠と称せられ、一九一一年、イタリアがトルコと戦って自己の植民地とした版図だ。そこは古代カルタゴ戦役のころまでは「ローマ帝国の穀物倉」とまで称せられた豊沃な土地であったが、数世紀にわたるアラビアとトルコの税政のため、すっかり荒廃し、不毛の砂漠地帯と化してしまい、食糧の自給さえ、おぼつかぬ始末であった。

しかし、ムッソリーニは巨万の資金を投じてトリポリ、トブルク、ベンガジの三港を開発し、軍用道路を敷き、飛行場を造った。言うまでもない。リビア砂漠の経済的ならぬ軍事的価値に着目したからである。

イタリア本国、パンテレリア島、リビアの三者を結べば、地中海は東西に二分されてしまい、さらにリビアのイタリア軍がエジプトを越えて東進すれば、イギリスが「虎の子」のように大事にしているスエズ運河に到着できるのである。だからイタリア海軍は一九四〇年六月の開戦時、この砂漠の国の警備のため、次の艦隊を本国遠く派遣していたのである。

Ａトリポリ港

第一水雷艦隊（六七九トンのＡ級四隻）

Ｂトブルク港

第一駆逐隊（旧式駆逐艦四隻）

第二駆逐隊（旧式駆逐艦四隻）

潜水艦　九隻

砲艦　三隻

旧式装甲巡洋艦サン・ギオルギオ（九三三二トン）

ところが一九四〇年十二月より北アフリカのイギリス陸軍が反撃に転じて、イタリア陸軍は退却を重ね、トブルクは占領されたうえ、わが国の装甲巡洋艦「出雲」「浅間」などに相当するサン・ギオルギオも翌年一月港内で自沈し、その他の艦隊も四散してしまった。自国陸軍の装備不十分を知ったイタリアは、ドイツに援助を申し出て、ドイツのアフリカ兵団は一九四一年二月一日より三月末までの間、ほとんど途中の事故なく、イタリア本国より船団により、北アフリカに渡ることができた。アフリカ兵団は「砂漠の鬼将軍」とあだ名されたロンメル元帥によって率いられ、作戦の巧妙な彼の戦車隊は、英陸軍を反対に駆逐、のちにはエジプトまでも追って行ったのである。

なかなかのヒューマニストであったとうわさされる彼も、終戦直前、忠誠を欠いたという理由で、ヒトラー総統より自殺を命ぜられ、悲劇的な最期をとげたのは惜しまれる。

さて、連戦連勝のロンメル元帥に対して軍需品を補給するのは、イタリア海軍の任務であった。ドイツは地中海に海軍を持っていないからだ。だがイタリア海軍も、航空機と駆逐艦の不足に悩んでいた。

開戦時あった一二〇隻の駆逐艦（この数値は日本海軍のそれにやや近い）のうち、当時二〇隻が戦没、二〇隻が修理中であり、残る八〇隻のみでバルカン方面への作戦やら、艦隊の直衛、各根拠地の防備、対潜警戒やら哨戒を行なわなければならなかった。

イギリス海軍省はここに目をつけ、マルタ島を基地とするイギリス第十一潜水戦隊（一月にはu級たった四隻よりなかったが、六月までには一〇隻に増加された）にこの航路を攻撃するよう命じ、それは四月の初めから作戦を開始した。他方、地中海の東端、エジプトのアレキサンドリアを基地とする地中海艦隊司令長官アンドリュー・カニンガム中将も、旧式戦艦を用いて北アフリカのイタリア軍物資荷揚地トリポリ港に艦砲射撃を加えることを計画し（これは四月二十一日に実施された）、同時に第十四駆逐隊をひそかに西のマルタ島に送って、イタリア船団を攻撃するよう命じた。

第十四駆逐隊
　駆逐艦ジャービス（一六九五トン）（旗艦）
　駆逐艦ヌビアン（一八七〇トン）

モホーク（〃）
ジェーナス（一六九〇トン）

ジェーナスを除いて、この部隊は二週間前のマタパン岬の大海戦に参加した歴戦の勇士であり、特に旗艦ジャービスの艦長P・J・マック大佐は、燃えるイタリア重巡ポーラに横付けして敵艦長ピサ大佐以下二三六名を捕虜とした勲功を誇っていた。

さてこの四隻は四月十五日正午、マルタ島を出撃、予想されたイタリア船団を待ち伏せるため、北アフリカ、キレナイカ沖に向かった。ドイツ、およびイタリアの偵察機がこの動きを探知し得なかったことが、そもそも悲劇のはじまりであったと言えよう。

これに反してマルタ島を基地とする英空軍偵察機は、すでにイタリア船団が南下中であることを知っており、第十四駆逐隊をその位置まで誘導したのである。旗艦ジャービスの艦橋に立つマック大佐は、予定地点に達しても敵を発見し得なかったので、敵が自分の目を逃れるために陸地に接近して航海しているに違いないと予想し、グーッと岸辺に近づいて行った。あたりの夜を南国の月が見下ろしている。ほとんど同時に目標が見えて来た！

一つ、二つ、三つ……八つまで数える。

この敵は三隻のイタリア駆逐艦と五隻の貨物船であり、貨物船には軍隊やら弾薬、貨物等が満載されていた。

イタリア船団

貨物船五隻（計一万四〇〇〇総トン）
駆逐艦ルカ・タリゴ（一六二七トン）（旗艦）
駆逐艦バレノ、ラムポ（各一二三〇トン）

船団はルカ・タリゴの艦長デ・クリストファロ中佐に率いられ、イタリア本国より北アフリカ・キレナイカに向かったもので、目的地まであと一歩というケルケナ浮灯台に接近、ホッと一息ついたところであった。あと数時間後、軍需品が荷卸しされれば、それはただちにアフリカ兵団の戦力となり、リビア砂漠から英軍を追い払うのに役立つのだ。

五隻の貨物船は八ノットの速力で単縦陣に並んで南下し、旗艦ルカ・タリゴが先頭にあって商船を誘導し、バレノは最後列にあってしんがりを守り、ラムポは船団の左舷真横を警戒していた。この時、夜の海上を気持ちのよいそよ風が

ケルケナ沖小海戦推定位置

ほおを撫で、海は静まり返っていたという。

　旗艦ジャービスを先頭に四隻の英駆逐艦は単縦陣に並んで速力を上げ、船団の右舷後方から追い抜くような形で奇襲を行なった。

　一九四一年四月十六日の午前二時のことであった。

　見張りや戦術の点でイギリス海軍はイタリア海軍より一歩進んでいたようだ。イタリア船団は突然の出来事に、あっけに取られたが、ただちに応戦した。その距離たるや手もどかんばかりの二一〇〇メートル。同時に駆逐艦を導いてきた英偵察機も攻撃を開始した。

　ここで両軍の武装について比較してみよう。

イタリア側	一二センチ砲	五三・三センチ発射管
ルカ・タリゴ	六門	六門
ランポ	四門	〃
バレノ	〃	〃
計	一四門	一八門
イギリス側		
ジャービス	六門	一〇門
ジューナス	〃	〃
ヌビアン	八門	四門
モホーク	〃	〃

計　二八門　二八門

砲撃力においても、また魚雷発射能力についてもイギリス側が断然すぐれている。

小型の駆逐艦同士の近距離戦では魚雷よりも、むしろ発射速度の速い一二センチ砲の方が役に立つもので、高角機銃を除く砲撃力に関する限り、イギリス側はイタリア側の二倍の火力を有していたのである。しかも戦いに慣れたイギリス海軍は「攻撃」の立場にあり、奇襲を受けて、たじろいだイタリア駆逐艦は心理的にも不利な防御的立場に立ったのである。さらに彼らは英偵察機からも同時に攻撃を受け、ますます逆境に追い込まれてしまったのだ。

英艦のうちモホーク、ヌビアンの二隻はトライバル級と言われてフランスの特型駆逐艦に対抗するため、砲撃力を従来の艦より二倍にし、その代わり魚雷発射管を半分に減らした特種なもので、このような敵小型艦との戦闘には、もって来いの代物であった。しかもそれは一年前に完成したばかりの新鋭であり、他のJ級二隻は、もっと新しい高価な艦であった。これに対してイタリアのルカ・タリゴは備砲の数こそイギリスのJ級と同じだが、一九三〇年完成の旧式艦であり、ラムポ、バレノの二隻も格好だけは美しいが英艦より七年も前に建造されたものであった。

それなら、速力はどうだ？トライバル級は三六・五ノット、J級は三六ノットと言われる一方、三隻のイタリア艦は三八ノットと称せられていた。しかもルカ・タリゴと同型のアルビス・ダ・モストなどは、公試運転で七万一〇〇〇馬力、四五ノットを出して世界を「アツ」と言わせたことさえあったのである。

耐波性、居住性を重んずるイギリス駆逐艦と、作戦海面が狭い地中海のため、遠距離まで行動する必要のない代わり、高速力を出すように設計されたイタリア艦艇との相違がこの場合、よくわかる。

だが、彼らは船団護衛の任を負びていたのだ。従って三隻のイタリア駆逐艦は自己の高速を利用して敵に対して有利な位置を占め、あるいは不利とあらば退却するなどの行動に移ることができなかった。ちょうどわが国の高速駆逐艦「島風」が、わずか五ノットしか出ない船団の護衛を命ぜられ、第三次多号作戦中、レイテ島のオルモック湾内においてアメリカ第三十八機動部隊空母機の空襲で憤死したように……。

旗艦ジャービスの斉射を合図に三隻のイギリス駆逐艦も、おくれじと砲門を開いた。イタリア駆逐艦も応戦するにはしたが、英艦のように近接戦闘陣型をとってなく、三隻が船団の前後にバラバラにいたため、その砲火は散漫であった。ほんの一瞬の出来事である。奇襲を受けた先頭のイタリア駆逐艦旗艦ルカ・タリゴは最初の一撃で艦橋をやられ、艦長デ・クリストファロ中佐は弾丸の破片で片足を失ってしまったが、傷口を紐でしばり上げ、なおも船団を指揮したけれど、やがて出血多量で死んで行った。

艦首と中央部の一二センチ砲四門は早くも沈黙してしまったが、ルカ・タリゴは艦尾の一二センチ砲一基（連装）で応戦した。もはや乱戦である。砲身を水平にした零距離射撃だ。

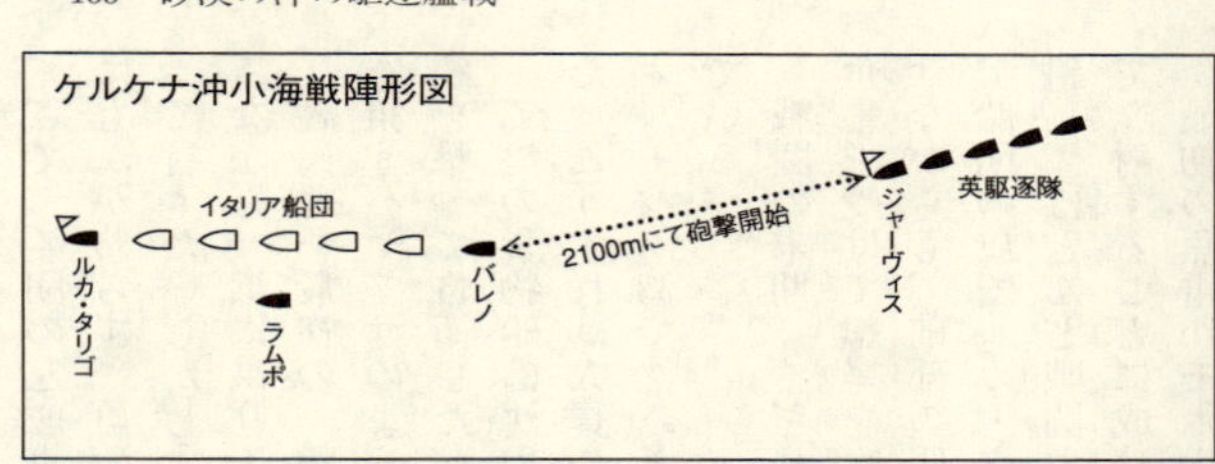

炎上したイタリア艦船の火災が、あたりをオレンジ色に照らす。貨物船の一隻は積んでいた弾薬に引火したのだろうか、突如巨大な爆発を起こし、続いて三本の炎と六〇〇メートルにも達する黒煙とに包まれ、沈没して行った。船団の一番後ろにいて、ひどい目に遭ったのは駆逐艦バレノだった。

同艦は最初の斉射を受けて、艦長以下士官全部が戦死してしまい、残るは水兵のみとなってしまった。国際法は「軍艦」としての資格の一つに「正規ノ海軍将校ニヨリ、指揮セラルベキコト」という一項目を設けているが、この場合のイタリア駆逐艦バレノが「国際法上の軍艦」の資格があるかどうかを研究したら面白いだろう。同艦はジャービス、モホーク、ヌビアンの三隻から集中砲火を浴びせられさんざんである。

さて首脳部を失ったバレノがまさに沈没にひんした時、生存者は艦を転舵して、うまく浅瀬に乗り上げさせることができた。初めから船団は、陸岸スレスレに航海していたからである。バレノは二日間、そのまま砂に乗り上げていたが、突然、転覆してしまったという。不意打ちを食ったイタリア海軍は、戦況を打電する暇もなく沈没してしまったので、本国では翌朝までこの海戦を知らなかったほどだ。

さて、船団の左舷真横を守っていたラムポは高速にものをいわせて退却することができたにもかかわらず、勇敢にも転舵して砲と魚雷とを撃ちながら、四隻のイギリス駆逐艦に向かって行った。しかしすでに大勢は決していた。ジェーナスに撃たれたラムポもまたなかば沈みながら、浜に乗り上げたのである。

護衛艦を最初の一撃で倒したイギリス駆逐艦四隻は、残る四隻の貨物船に向かって、獲物を狙うハヤブサのように襲いかかって行った。あわれな商船は火災と戦いつつ、わずかに機銃を撃って自衛したが、もはやその運命はマナイタの上のコイである。

二隻の貨物船は沈められたけれど、残る二隻は駆逐艦と同様、浜に乗り上げるのに成功した。こうすれば人員や小型の荷物は助かる可能性があるので、昭和十九年秋、フィリピンのオルモック湾で沈みそうになった日本陸軍輸送船団も、たいていわざと擱座して沈没を防いでいる。

戦闘の末期、イギリス側にも犠牲が出た。英駆逐艦モホークは乱戦の中、偶然にも一本の魚雷を受けて艦尾を吹き飛ばされてしまった。航行不能に陥った同艦は艦尾をなかば沈めかけながらも、前部の四門の一二センチ砲でなお敵艦船の一隻を撃った。実は、これはイタリア船団の旗艦ルカ・タリゴが射った魚雷だったのである。この時までに、ルカ・タリゴも傾斜し、ほとんど戦闘力を失ってはいたが、生き残った少尉の一人が二本の魚雷を、かろうじて発射することに成功したという。

最初の魚雷がモホークを射った直後、二本目が同艦に命中して缶室に多量の海水を浸水させた。何しろ敵は鼻の先にいるのだから、たまらない。艦長は「総員、甲板ニ集合！」と下命して一分ののち、「総員、退艦セヨ！」と叫んだのである。この艦長以下、乗組員の大半はジャービスとヌビアンとに救助された。結局、老兵ルカ・タリゴは新鋭モホークと刺し違え、両者は呼べばとどかんばかりの距離で互いに相果てたのである。とにかくこの戦いは近距離の激烈な海戦であった。三隻のイタリア駆逐艦と五隻の商船は文字どおり全滅したため、イギリス海軍はこの海戦によくよく気をよくしたと見えて、チャーチル首相は『大戦回顧録』の中でこのような小海戦をも、自慢げに述べている。

イギリス駆逐隊はサッサと暗闇の中に引き揚げてしまったので、枢軸国の索敵機に発見されず、翌日ドイツ偵察機が漂流中の生存者や浜に乗り上げて大破した商船を見つけて大騒ぎとなった。トリポリ港から七隻のイタリア駆逐艦や水上機が駆けつけ、二隻の病院船も急派されて計一三〇〇名（輸送船に乗船中の陸軍部隊を含む）を救助し得たのは、不幸中の幸いであった。

この海戦で自国の駆逐艦がイギリスのそれよりもはるかに弱いことを覚ったイタリア海軍は、以後、アフリカ向け船団の護衛に巡洋艦まで投入するに至ったのである。

なお、擱座したイタリア駆逐艦ラムポは約四ヵ月後の八月八日、浮上に成功、イタリア本国で修理を受けたが、一九四三年四月三十日、英空軍機の爆撃により、ラス・マスタプラ沖で今度こそ本当に戦没してしまった。

また勝ったイギリス側も、ジェーナスは一九四四年一月七日、イタリア本土上陸作戦中、ドイツの新兵器グライダー爆弾の犠牲となって戦没した。大体、このケルケナ岬沖駆逐艦戦のそもそもの敗因は、枢軸国空軍と艦艇との協力不十分にあったと言えよう。

ドイツもイタリアもともに海軍航空隊を持たず、これら独立空軍は、ともすれば平時から艦艇との共同訓練を怠りがちであったから、目の前を通ったイギリス駆逐隊を見逃してしまったり、この海戦の翌日、暗号を間違えて実在せぬ英艦隊攻撃に出かけ、味方を爆撃するような悲喜劇の連続を犯してしまったのである。それにもかかわらずリビア砂漠では、ロンメル元帥のアフリカ兵団は英陸軍を圧迫して行った。だがその後、イギリス潜水艦の活躍はげしく、イタリア船団による補給は、とだえがちで、ためにアフリカ兵団は次第にその勢いを衰微していったのである。

ウェーベル将軍の率いるイギリス陸軍はエジプトまで退却したのち、一九四二年七月、オーキンレック将軍として交代してロンメル元帥と一進一退のシーソー・ゲームをくり返した。それはちょうど、極東方面におけるガダルカナル戦、ビルマ作戦のような激烈な戦いであった。アフリカ兵団のマークⅣ型タンクはいたる所で英陸軍を打ち破ったが、制空権を英軍に奪われて、ついにエルアラメーン砂漠の戦いを契機として退却をくり返したのである。

10　グリーンランド沖の大捕物

スウェーデン海軍の航空巡洋艦ゴットランドは未明の暗黒の中に、とてつもなく大きな怪艦を発見、「オヤッ」と思った。ゴットランドは、自己の領海内を、この巨艦と並行して北上し、相手がドイツ海軍の新戦艦ビスマルクであることを確認した。

時は一九四一年（昭和十六年）五月二十日の早朝である。

バルチック海からこの新鋭艦をノルウェーの前進基地まで持って来るためには、デンマークとスウェーデン（中立国）との間の狭いカテガット海峡を通過させねばならず、機密保持のためドイツ海軍は一定の期間あらゆる商船を当水域からしめ出したのだが、意外な軍艦に出合ってしまったのである。

その航海の目的は、「今こそ戦艦による通商破壊を大西洋において大規模に展開しよう」というのであった。

一九四一年三月までに戦艦シェアー、グナイゼナウ、シャルンホルスト、および重巡洋艦アドミラル・ヒッパーの四隻が第一回目のイギリス商船狩りを終えて、それぞれの基地に帰還し、新しく完成した世界最大の戦艦ビスマルク、および新鋭重巡洋艦プリンツ・オイゲンの二隻が、ノルウェーの基地から北大西洋に出撃するのに歩調を合わせ、フランスのブレスト港よりシャルンホルスト、グナイゼナウの二隻も出帆する予定であった。

ところが、いよいよ出港という四月二十三日、プリンツ・オイゲンはイギリス空軍機の投下した磁気機雷によって小破してしまったので、その修理のため、作戦が一ヵ月あまり延期され、その上ブレスト港が空襲されて戦艦が爆撃を食い、ビスマルクとの協同作戦不能という有り様だった。それでもさすがに長期航海の可能な戦艦のことゆえ、前の航海でシェアーが一一万三三二三総トン、グナイゼナウ、シャルンホルストの二隻が一一万五六二二総トンと大きな戦果を上げているので、もっと大きな勲功を期待しつつビスマルクとプリンツ・オイゲンとは、一九四一年五月十八日、バルチック海に面するポーランドのグディニア軍港を勇躍出港したのである。

だがこの少し前、ドイツの一高官がキール軍港において将校たちに演説をブッた際、「近いうちビスマルクが大西洋への通商破壊に出撃する」むねを港湾作業員たちに聞こえるほどの距離でしゃべってしまったのである。このニュースは断片的にイギリス・スパイの耳に入り、さらにイギリス海軍ではしかるべく対策が立てられていた。

だからゴットランドが「ビスマルク発見！」の報を伝えてもイギリスは、あわてずに空軍機でノルウェーのベルゲン港付近を空中写真により偵察、巨艦の姿を容易に捕らえたのである。だが翌五月二十二日、再び飛んだ空軍機のフィルムにはもはや、ビスマルクの姿はなかった。

この季節は夜が短いので、充電のために浮上するとすぐ攻撃される危険から、イギリス潜水艦はノルウェー沖にあまり行動せぬ方針であり、Ｐ31とフランス潜水艦ミネルヴァのみが当水域にあった。

だが低速の潜水艦は距離が遠いため、敵戦艦を攻撃できなかった。前日、イギリス本国艦隊司令長官サー・トーヴェイ大将は、二隻の重巡洋艦をデンマーク海峡に（アイスランドとグリーンランドとの間の海峡）、また三隻の軽巡洋艦をアイスランドとイギリス本国との間に、それぞれ配置した。こうすれば、大西洋に出ようとする限り、ドイツ戦艦は必ずこの網にひっかかるに違いないからだ。

ドイツの戦艦ビスマルク。38センチ砲８門を搭載、最大29ノット。戦中に登場した中でドイツ最大の軍艦であった。

当時ビスマルクには四〇〇名の士官候補生が乗り組んでいた。次のドイツ海軍を背負って立つ幹部の卵だ。北西に向かった二隻は、二十二日の夕刻には、すでにデンマーク海峡に足を踏み入れていたのである。

もちろんイギリスでは、この方面の艦艇の大部分に出動を命じ、巡洋戦艦フッドは、新戦艦プリンス・オヴ・ウェールズをつれ、六隻の駆逐艦とともに、本国東北岸のスカパフローを二十一日に抜錨した。新鋭空母ヴィクトリアスも巡洋戦艦レパルスと同行すべく、地中海マルタ島向けのハリケーン戦闘機を搭載していたが、このニュースで、あわてて空母機を荷降ろしして、とりあえず付近にあったソードフィッシュ雷撃機一隊と、フェアリー・ファルマー戦闘機二隊のみを、訓練不足ではあったが、積むよりほか仕方がなかった。

本国に残った戦艦はキング・ジョージ五世のみで、本国艦隊に属する他の戦艦三隻は、北大西洋の船団護送中という都合の悪い状態であった。本国艦隊司令長官トーヴェイ大将は、フッド隊よりも一日遅れて二十二日、戦艦キング・ジョージ五世、空母ヴィクトリアス、巡洋艦四隻、駆逐艦七隻を率いて出港、西進した。

その目的は、敵がアイスランドの北岸、南岸のどちら側を通過しても、哨戒中の巡洋艦隊を援護できるような位置を占めることであり、数ヵ月後にはマレー沖海戦で日本機に沈められる巡戦レパルスがこれに合流した。

この日、チャーチル首相は、当時中立国であったアメリカのルーズヴェルト大統領に電信を送り、「ビスマルク号の位置を捕捉するため、アメリカ大西洋艦隊も骨を折っていただければ幸いです。のちの仕事は、イギリス海軍自身がこれを行なうでありましょう」と、虫のよい請求をしている。この電文とどの程度の関係があるか不明だが、三日ののち偶然にもアメリカ沿岸警備隊の巡視艇が、ビスマルクを追跡するのである。

このように、イギリス海軍が有力な艦艇を次々と送り出していることを夢にも知らず、ビスマルクに座乗したギュンテル・リュッツェンス中将は、イギリス商船狩りの希望に胸を踊らせていたのである。彼は戦艦グナイゼナウ、シャルンホルストの二隻を率いて大西洋での通商破壊を終え、二ヵ月前ブレストに帰投したばかりであったが、今回は新しく就役したビスマルクと重巡を率いての出航であった。

五月二十三日夜七時二十二分、三本煙突のイギリス重巡洋艦サフォークは、ついに一万三〇〇〇メートルの距離にビスマルクを発見した。

この瞬間、すでに〝巨人〟の運命を決定されたといえよう。もっともビスマルクも八キロワットのFuMO-23型レーダーを搭載し、二時間前から英艦に気づいていた。濃霧とモヤに包まれた、いやな夜だった。ビスマルクの三八センチ砲の射程は、三万六〇〇〇メートルもある。サフォークは賢明であった。

直ちに距離を二万五〇〇〇メートルほどに開き、後方から延々一〇時間にもわたって、レーダーによる追跡を開始したのである。そして次々と、敵の位置や速力、方向などを狂気のごとく打電し続けたのだ。

敵の航跡を踏んで、南西に向かう同艦の追跡は巧妙さをきわめたと言えよう。

だがその重大な時、海軍省の一室では、海軍長官は空軍副長官と一杯やっていたようだ。すなわち、惜しいことに「ドイツ新戦艦見ゆ！」という、せっかくのサフォークの無電も、器具の故障のため、司令部には届かなかったのである。サフォークが追跡を開始して約一時間ののち、イギリス重巡洋艦ノーフォークが、暗闇の中を左舷へ接近する敵を発見した。同艦は興奮のあまりついに九六〇〇メートルにまで接近してしまったので、ここにおいてビスマルクは、初めて後部の第三、第四砲塔より三斉射を加えたのである。それはサフォークの左舷艦首付近に落下した。

戦艦の三八センチ砲を食ったら、装甲の薄い巡洋艦などひとたまりもない。ノーフォークはほとんど応戦せず、煙幕を展張しつつ退却、敵発見の無電を発した。

八時三十二分における同艦の無電によって、イギリス艦隊は初めて敵の正確な位置を知ったのだった。翌二十四日の早朝までに、二隻の巡洋艦は三〇回も敵の位置を打電、巡洋艦としての伝統的仕事たる偵察任務をよく果たしたのである。それは二匹の猟犬が遠ぼえしながら大熊の跡を追う光景にも似ている。独艦は夜のトバリと濃霧の中に、これを振り切ろうとしたが、敵のレーダーのため果たさなかった。思うにリュッツェンス中将の胸中には「たかが古くさい巡洋艦ぐらい」という侮りがなかったとは言いきれまい。

もちろん、比較的アイルランドの敵基地に近い当水域で、長期の海戦をやっては不利だという思慮はあったろう。だが新鋭のプリンツ・オイゲンと協力すれば、うるさく跡をつけまとうイギリス巡洋艦をして、追跡不能におとしいれる程度の損害を与え得たのではなかろうか。そうすれば、彼らはこれ以上イギリス艦隊の目にふれずにすんだかも知れない。フッドの沈没後も、この二隻は執拗に尾行したし、二日後にビスマルクの生命とりともなったヴィクトリアスの雷撃機隊を誘導したのも、ノーフォークであることを考えるとき、ドイツ側は事態をあまく見すぎていたようだ。もっとも通商破壊戦に従事するドイツ艦隊の艦長は、シュペーの最期以来「圧倒的に優位に立った場合を除き、敵艦艇と交戦すべからず。ひたすら商船のみを狙え」との至上命令を受けて来た。だから巡洋艦アドミラル・ヒッパーでも、戦艦シェアーでも、自己より強い艦隊が、船団を守っているのを見た場合、必ず逃げている。ドイツ海軍の「この消極的な精神」が潜在意識的にサフォークとノーフォークを追い払うことを妨げたのであろう。

翌五月二十四日朝五時三十分、巡洋戦艦フッドはついにめざす二隻の敵を発見した。

遠距離戦のため六隻の駆逐艦は、戦闘に加わらなかったが、ランスロット・ホランド中将は、二隻の戦艦でビスマルクを狙い、サフォークとノーフォークをしてオイゲンに当たらせようとした。けれども思うにまかせず、実際にはフッドとオイゲンとが撃ち合い、プリンス・オヴ・ウェールズとビスマルク（攻撃開始後すぐフッドに砲火を集中す）とがわたり合ったらしい。

だから旗艦は互いに敵の二番艦と交戦したことになる。英重巡は戦闘を傍観したのみであ

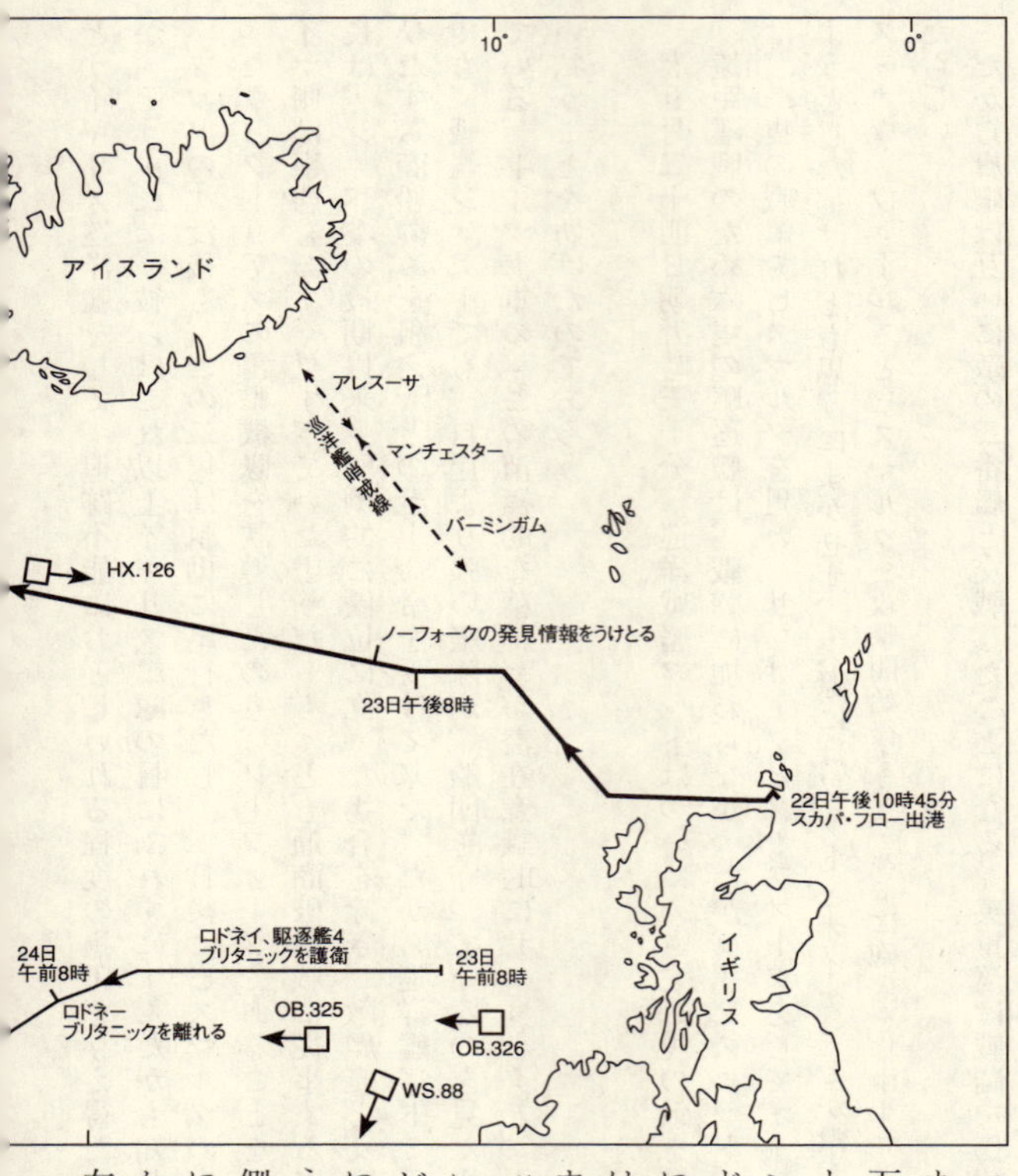

った。三十五分、まずフッドが二万二五〇〇メートルより三八センチ砲を放ち、ドイツ側もこれに応じた。戦闘は同航戦に入り、ウェールズはフッドのあとに従い、オイゲンはビスマルクの陰に身をかくすように、巨艦の右側（非戦闘側）に位置した。だから英艦は敵を右舷やや前方に、

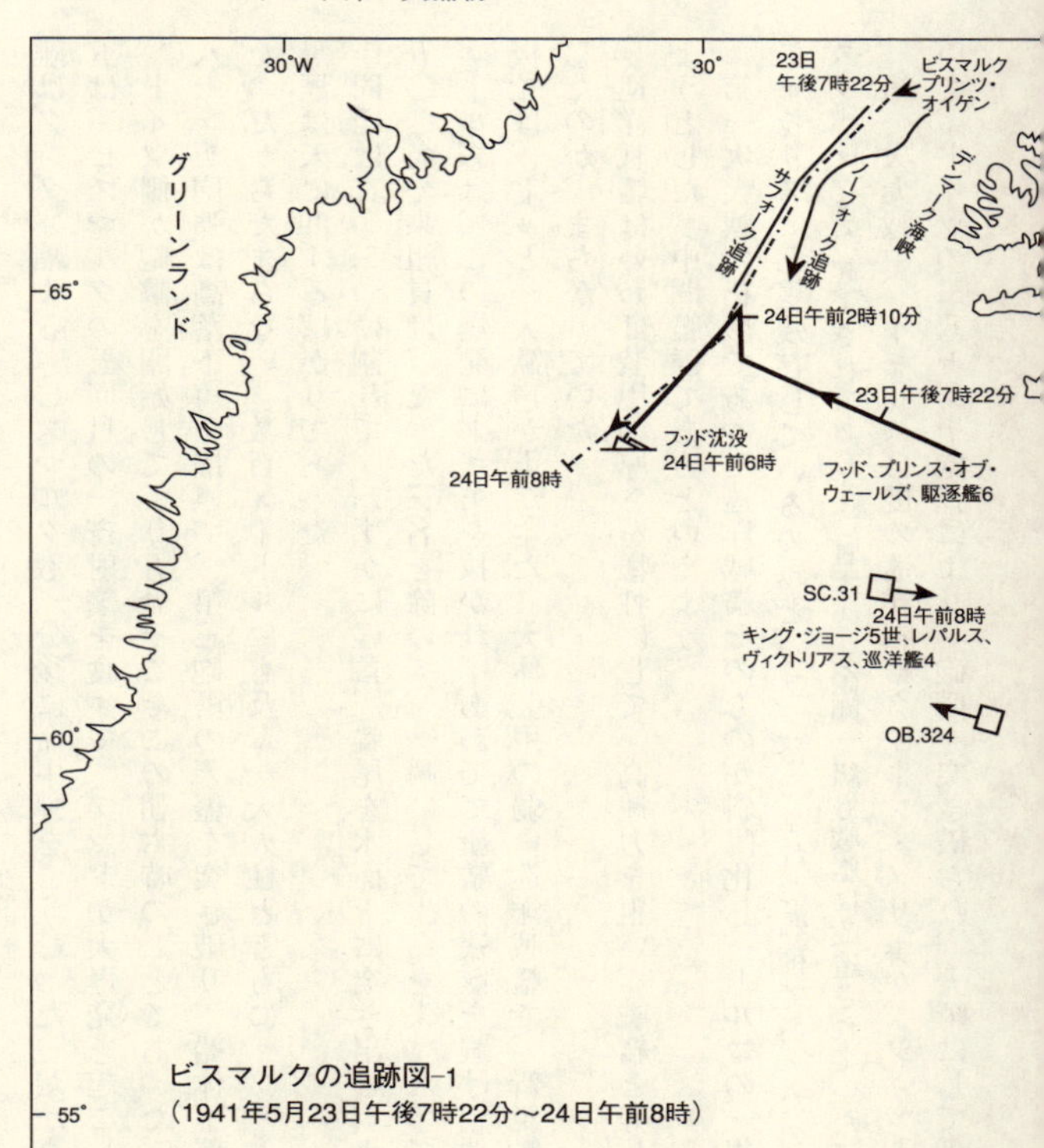

ビスマルクの追跡図–1
(1941年5月23日午後7時22分〜24日午前8時)

ドイツは英艦をやや後方に眺めたことになる。

今まで影の薄かったドイツ重巡プリンツ・オイゲンは、砲撃開始後一分も経過しないうちに、二〇センチ砲弾をフッドのメインマストにラッキー・ヒットさせ、一〇センチ砲塔付近に火災を発生させ、それはすぐ艦全体をおった。距離はグングン縮まる。ビスマルクも三分後に命中弾をこうむった。だが真のラッキー・ヒットは、ビスマルクの五回目の一斉射撃を食って、フッドが大爆発を起こしたことだ。ドイツ側が砲撃を開始してより五分そこそこの朝六時のことであった。遠距離のため、三八センチ砲弾は高落下角を描いて、第三砲塔の天蓋を突き破り、船体下部の火薬庫で爆発したのだからたまらない。数百メートルにも及ぶ一大火柱とともに、フッドは轟沈、円錐状の黒煙は天に沖するばかりであった。

同艦は真っ二つに割れて、わずかに艦首、艦尾を水面上に突き出し、ホランド中将以下一五〇〇名の乗組員は、たった三名を除いて、一瞬にして生命を失ったのである。後続するウエールズは、この爆発にドギモを抜かれ、あわてて旗艦の残骸を避け、他方ビスマルクの甲板では、ドッと一大歓声が上がった。大体装甲の弱い巡洋戦艦で、新鋭艦と対等に戦おうとしたのが、まちがっていた。

巡洋戦艦はいわば装甲の厚さを犠牲にして、高速力を狙い、戦艦と等しい攻撃力を持たせようとした、中間艦種であるといえよう。

第一次大戦の花形であった巡洋戦艦そのものが斜陽化し、トルコの一隻を除けば、世界中でイギリスに三隻残存しているのみという、落ちぶれた艦種であったのだ（アメリカのアラスカ級はいまだ起工されておらず、日本の「金剛」級も戦艦に改造されていた）。

第一次大戦中、イギリス自慢の巡洋戦艦クイーン・メリーが、ジェットランド大海戦において、ドイツの二八センチ砲弾により、砲塔を突き破られ、一瞬にして轟沈してしまって以

英海軍の巡洋戦艦フッド。当時の世界最大の軍艦だが防御力が弱かった。

来、巡洋戦艦の防御力の脆弱性が立証されたという、にがい経験をイギリスは知っているはずだ。だからこれを契機に世界の海軍は、巡洋戦艦を建造する熱意を失ってしまった。

フッドは第一次大戦中の一九一八年に進水した旧式艦である。だから新たに建造されるビスマルクの三八センチ砲弾に対抗して、フッドは一九三九年三月、防御力を大幅に改造される予定であったのだが、ついにその機会のないまま戦争に突入、この悲劇を招いたのである。

さて、フッドの沈没によりウェールズは袋だたきの目に遭ってしまった。三八センチ砲弾の四発が命中、そのうち一発は艦橋を破壊、司令部を破壊し、艦尾水面下には穴をあけられ、オイゲンの二〇センチ砲弾三発をも食った。

ビスマルクの一二回にわたる斉射により、五〇〇トンの浸水をみ、砲塔も動かなくなった同艦の艦橋では、奇跡的に生き残った艦長が、ついに戦闘を断念、煙幕を張って退却するよう決意したのである。この海戦におけるドイツ海軍の射撃の腕は、神業にも近いものであったといえよう。しかし、ウェールズは自己が戦列を去る前、三六センチ砲弾三発を、ビスマルクに命中させていた。一発は前部舷側に浸水を起こし、二発目は右舷のモーターランチを破壊し、三発目は左舷重油タンクに命中して、二番缶に浸水、上甲板にまで重油を噴き出してしまった。特に最後の傷は有効で、後刻同艦を左舷にやや傾斜させ、二時間近くも速力を落として、応急処理のやむなきに至らしめたのである。グリーンランド南東沖において行なわれたこの海戦は、ドイツ側の快勝であった。

ドイツ本国の司令部では、北大西洋にあった七隻のUボートに対し、ビスマルク救援に赴くよう命令した。ビスマルクは味方Uボートの方向に、敵を誘い出そうとしたが、燃料が少なくなったので、この計画を中止し、フランスの基地へ帰るよう南下、さらに南東へ向かった。この二隻のため、ドイツはゴンゼンハイム、ロートリンゲンという二隻の供給艦を大西洋に送って、燃料や物資の補給にあたらせる予定だったが、二隻ともののちに英艦に撃沈されたり、捕獲されてしまった。

五月二十四日午後二時三十分、リュッツェンス中将は、重巡洋艦プリンツ・オイゲンを分派させるべく決意した。おそらく傷ついた戦艦と行動をともにして、沈没のまきぞえを食わすことを恐れたのだろう。結果的には重巡の生命を救っている。

四時間後に、ビスマルクはなおもあとをつけて来る三隻の英艦のうち、サフォークを砲撃しだした。けれども初めから戦闘が目的ではないから、ウェールズが砲戦に加わるやいなや逃亡に移った。このドサクサにまぎれて、プリンツ・オイゲンは脱走に成功したのである。

この時、同艦は単独で通商破壊を行なう予定だったのだが、機関の具合が思わしくないので断念、一〇日後の六月一日、ブレストに無事入港したのである。このころ、ウェールズも燃料が不足したので、アイスランドに向かって帰投した。

船団護送中の三隻の英戦艦は、任務を離れて高速力でビスマルク狩りに加わるよう命ぜられ、英艦隊はあらゆる兵力を傾けて、この水域に集中、次第に包囲網を縮めて行った。「大捕物」はすでに開始されたのである。

戦艦キング・ジョージ五世に座乗して戦場へ急ぐトーヴェイ大将の心配は、夜にまぎれて、高速のビスマルクが逃亡してしまわぬかということであった。そこで敵の速力を低下させるため、新鋭空母ヴィクトリアスが二十五日夜十時、九機のソードフィッシュ雷撃機を発進させた。行動半径一六〇〇キロのほとんどギリギリの距離より飛び立ったこの部隊は、ノーフォークの無電に導かれつつ、二時間後に戦艦に突進した。

独戦艦の高角砲弾は、偶然付近を航行中であった米沿岸警備隊の巡視艇マドックの艇首に、もう少しで命中するところだった。

アメリカはデンマーク政府の要請により、グリーンランドをドイツの侵略より守るべく、当時沿岸警備のカッター、マドックとジェネラル・グリーンを同地に派遣していたのだが、たまたまこの二隻は、Uボートに沈められた英船の救助作業にあたっていたのである。米艦からは三隻の英艦が見えるほどだったというから、中立国の米艦がよほどこの海戦に関心を抱いていたらしい。

さて、ビスマルクは六〇〇〇メートルの距離から、機銃弾を敵機に命中させたほどすばらしいものであった。一方、英機は昼間の着艦訓練さえ十分やってない連中だったが、独艦の右舷中央、カタパルト下の船体に魚雷一本を命中させ、全機が無事に着艦に成功した。目のあけ得ぬほどのはげしい豪雨のもと、着艦ビームの故障という悪条件をおかして……。その陰にはUボートの存在海面であるにもかかわらず、サーチライトと信号灯との使用をあえて許可した空母艦長の功績がある。もっとも偵察に行った二機のフルマー戦闘機は帰らなかった。

だがここに一大事件が起こった。

二十五日の午前三時を過ぎてまもなく、Uボートの危険水域に足をふみ入れたサフォークが、ジグザグ・コースをとったために、接触を失ってしまったのだ！

サフォークの271型水上見張りレーダーの探知距離は約二〇キロであったが、これでは三八センチ砲の射程三六キロに十分入ってしまう。そこでサフォークは、一八キロないし二八キロの距離をへだてて追跡したところ、この始末であった。ついに袋のネズミとなりかけたビスマルクは、行方不明となってしまったのである。包囲中のイギリス艦隊は、失望と焦燥とに包まれた。

1941年5月、英巡戦フッドにたいし、38センチ主砲を放ったビスマルク。

丸一日が経過、英艦の一部は、燃料の不足に悩んで来た。ところが五月二十六日午前十時三十分、アイルランドより飛び立ったカタリーナPBY哨戒飛行艇の一機が、雲から顔を出すと、四〇〇メートル先にめざす敵がいるではないか！　カタリーナは、アメリカより武器貸与法に基づいて譲渡されたものである。その搭乗員は、一〇時間以上にも及ぶ疲労にめげず、索敵に従事していた。

当時、地中海艦隊より応援にかけつけた巡洋戦艦レナウンと空母アークロイアルの二隻は、独艦の艦首をさえぎるような位置を北上中であった。カタリーナよりの報告に基づき、アークロイアルは一五機の雷撃機を発進させたが、まちがえて味方の軽巡洋艦シェフィールドを攻撃して帰って来た。この軽巡も南方より独艦を追跡中のものであった。

幸い一本も命中しなくてよかったが、四時間後の夕刻七時、同じく一五機のソードフィッシュ機が六〇キロ先の敵艦に向かって飛び立った。一機を失ったけれど、九時半までに攻撃を完了したこの部隊は、敵艦の中央部に一本の魚雷を命中させ、一説にはさらに一本が舵機を動かなくしてしまったという。

このため独艦は一度旋回しつつ、今度は北方へ戻りかけた。この時、射程外より尾行して来た軽巡シェーフィールドは、一万四〇〇〇メートルに接近してしまい、ビスマルクは六斉射を放って軽巡を小破させた。そのころ、ビスマルクの艦内では、士気はすっかり沈退してしまい、ブレストより飛来する友軍機の行動半径内に逃げ込むことを唯一の望みとして、翌日に期待をかけ、乗組員は国歌を歌って、互いにはげまし合っていた。

もちろんドイツ軍司令部ではUボートに同水域への集結を命じてあったが、荒天候のため、乾舷の低い潜水艦は思うように速力が出ず、現場に到着できなかった。唯一の例外として、U556号がビスマルクの南側にいたアークロイアルと巡洋戦艦レナウンを雷撃する絶好の位置にあったのだが、残念ながら、一本も魚雷が残っておらず、このチャンスを逸してしまったのである。

さて翌朝、英戦艦が到着する以前に、独艦を監視する任務が残されていた。だが英駆逐艦は、丸三日間の高速追撃で燃料が心細く、とてもこの任務につくことは困難であった。

幸い付近航行中の船団があり、トーヴェイ大将の命令で、これを護衛中であった第四駆逐隊の五隻は、五月二十六日の未明二時より船団を裸にし、ビスマルクの追跡に移った。

彼らは単横軸となって索敵陣型をとったが、もっとも左側にいたポーランド海軍の駆逐艦

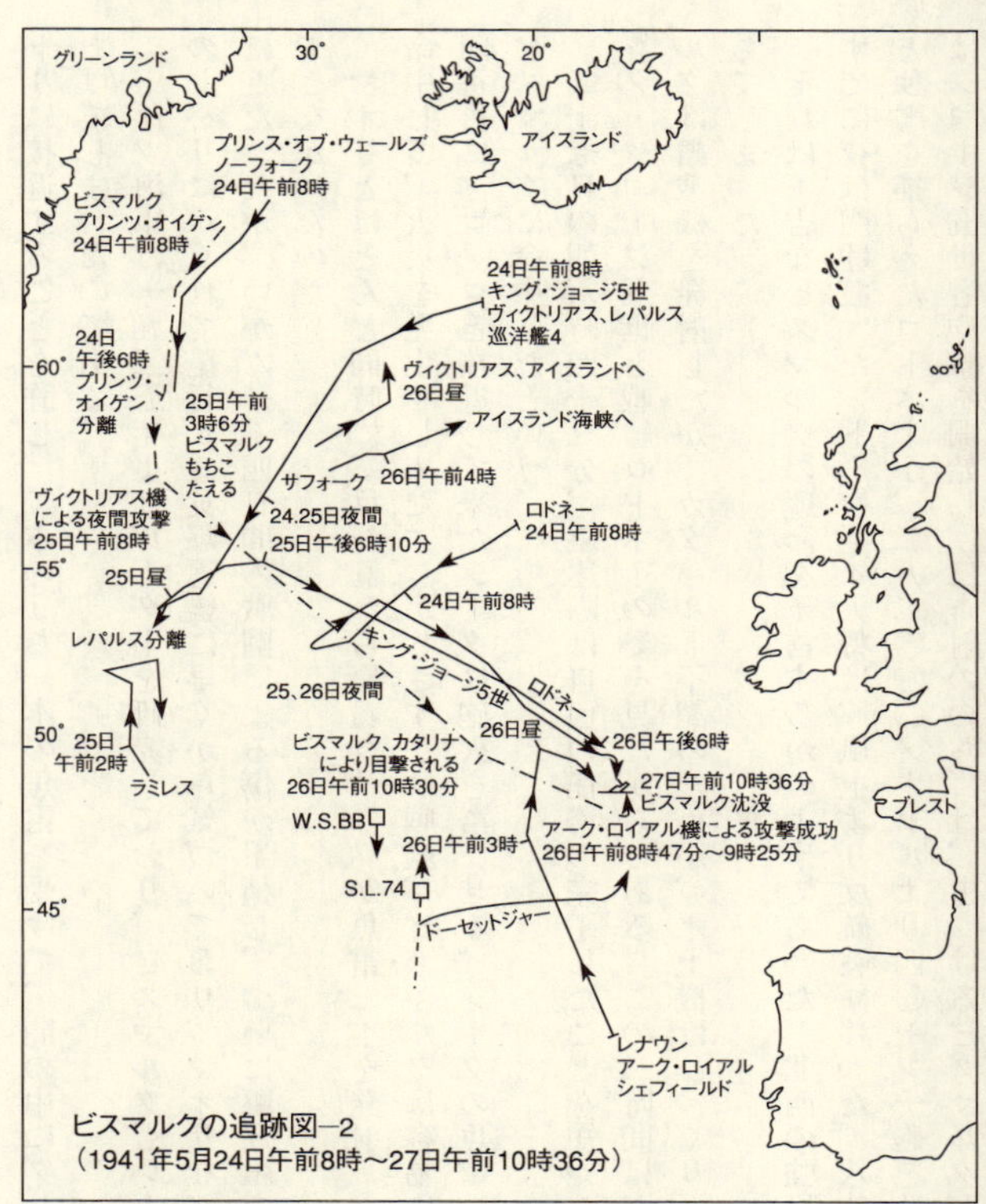

ビスマルクの追跡図—2
（1941年5月24日午前8時〜27日午前10時36分）

ピオランが、真っ先に独艦を発見した。駆逐隊司令は各個攻撃を命じる。時は二十七日の未明一時半。

　まずズルが後ろからしのび寄った時、ビスマルクはサーチライトでこれを発見、その魚雷を回避した。だが独艦はこの行動のため、マオリをして自己の真横三六〇〇メートルに接近することを許し、二本のうち一本の魚雷を受けて、闇の中にグリーン色の閃光をあげてしまったのである。

ドイツ海軍は一九三五年よりレーダーを研究しており、ビスマルクもレーダーにより、夜のトバリにかくれて尾行する英駆逐艦に早くから気づいており、マオリなど挟叉弾を浴びたほどだったが、いかんせん四日間の戦闘による傷が累積し、ついに駆逐艦を振り切ることができなかったのだ。

マオリとほとんど同時に、反対側から旗艦コサックが魚雷三本を発射、うち一本が前部に命中して、火災を発生せしめた。しかしさすがに戦艦、ビスマルクは容易に火災を消火し、四番目にノロノロと接近して来たシークに砲火を浴びせる。シークの魚雷も、速力の落ちたビスマルクに命中したという。

二十七日の朝八時四十三分、駆逐隊は自己の任務の完了したことを知った。北東に旗艦キング・ジョージ五世と戦艦ロドネーの姿を見たからである。この二時間ほど以前に、ビスマルクは艦載機を発射したが、カタパルト不調のためか、水上機はひっくり返って、海上に落ちてしまった。

それは不吉なビスマルクの運命を予言するかのようであった。北西の強風が吹きすさび、すでに夜は明け渡った。トーヴェイ大将は、風上より反航戦に移った。八時四十七分、やっと独艦を捕らえたロドネーが、二万二〇〇〇メートルより四〇センチ砲を発射し、一分後にはジョージ五世も砲撃を開始し、二斉射ののちには、傷つけるビスマルクがこれに応じた。

その乗組員は、四日間というもの戦闘配置についたまま眠ったのだが、射撃は正確で、三回目にはロドネーを挟叉したほどだった。けれども英艦の砲弾は、次第に命中しはじめ、三〇分後には第四砲塔以外は沈黙し、中央部は炎上して左舷に傾き出した。

前部の二主砲塔は水圧機をやられて、砲はうなだれている。四日前から尾行したノーフォークが、二〇センチ砲を撃ち出したころには、英戦艦は副砲まで撃ち出した。もう海戦ではなく、なぶり殺しである。ほとんど海上に停止した独艦は、二十七日の十時十五分までにマストを吹き飛ばされ、ロドネー、ノーフォークまでが至近距離から魚雷各一本を命中させたが、燃える鉄屑はなおも沈まず、ドイツ戦艦の防御力の強靭さを物語っていたのである。最後のとどめは重巡ドーセットシャーがやった。二発のマーク7型五三センチ魚雷のうち一発が艦橋の下に命中、さらに左舷に回ってもう一発。これが最後だった。リュッツェンス中将以下約二〇〇〇の将兵は、死の瞬間までドイツの勝利を確信して波間に没し、一一〇名が英艦に救助された。

かくて「ドイツ海軍の誇り」は短い生命を絶ったのである。シュペーの場合と同様、その結末は悲壮の一語につきる。Uボートとドイツ空軍の反撃とを予想して、救助作業を中止、すぐ引き揚げたトーヴェイ大将は賢明だった。なぜならば、ここはブレストより八〇〇キロ西にあり、やがて少数のフォッケウルフFw200爆撃機が現われたからである。

U47、U556などのUボートさえいつしか現われて、漂流者の救助にあたったほどだ。この作戦に参加した英駆逐艦の二隻は、帰路ドイツ空軍の空襲を受け、翌二十八日、マシヨーナがアイルランドの南西で沈められたが、それ以上の損害をみずにすんだのは、まさにトーヴェイ大将の英断によるものといえよう。のちに中立国スペインの重巡カリアスがビスマルクの沈没現場に着いた時、すでに生存者はなく、漂流死体のみであった。

ビスマルクの最期は、ドイツ艦隊司令官レーダー元帥をして、空母の必要性を痛感せしめた。一年前キールのドイッチェウエルケ社で進水したまま建造中止となっていた空母ツェッペリンがあれば、戦艦の救助に必ず一役買ったであろうというのだ。彼は六月、その建造を再開したいむねを申し出たが〝海〟を知らぬヒトラーは言った。

「九月までにロシア作戦を終わり、すぐ英本土へ侵入を開始する。戦闘機でフランスから三〇分も飛べば、すぐイギリスだ。そうなれば空母などいらんよ!」と。

まさに強気の一言に尽きよう。

11　船団ＰＱ17の悲劇

戦時下における海軍の主要任務の一つに味方商船隊の護送がある。戦闘の様相が消耗戦化しつつある近代戦においては、敵艦隊との海上決戦よりもむしろ、地味な船団護衛戦の方が、より重要となることもしばしばある。

だからジャーヴィス・ベイのように、自らの身を犠牲にして商船を守り抜く英雄的行為も見られるわけだが、船団を護衛中の巡洋艦隊が「敵戦艦接近！」の報にあわてふためき、商船をおいてきぼりにして退却してしまったら、海戦史研究家の侮蔑と嘲笑の的となること受け合いである。今回はそのようなケースであるＰＱ17船団の行方に目を転じてみよう。

一九四二年（昭和十七年）夏、ノルウェーの基地にあって、ソ連向けのイギリス船団攻撃を企図していたドイツ水上艦隊は次の二隊より編成されていた。

第一部隊（在トロンハイム港）

戦　　艦テルピッツ（四万二五〇〇トン）
重巡洋艦アドミラル・ヒッパー（一万四七五〇トン）
大型駆逐艦フリードリッヒ・イン
〃　　　リチャード・バイツェン
〃　　　カール・ガルスター
〃　　　テオドル・リーデル
〃　　　ハンス・ロデイ
（カール・ガルスターのみ、一八一一トン、その他は一六二五トン）
第二部隊（在ナルヴィク港）
戦　　艦ルッツオー（一万四〇〇〇トン）
〃　　　アドミラル・シェアー（〃）
大型駆逐艦Z24（二六〇三トン）
〃　　　Z29（〃）
〃　　　Z30（〃）
〃　　　Z27（二五四三トン）
〃　　　Z28（二五九六トン）
（駆逐艦の編成については各時期により、多少の相違がある）

この艦隊は何回も出撃してはUボートや空軍と協力して船団を攻撃していた。さらにドイツ水上艦隊は当時予想された連合軍によるノルウェー上陸作戦をも警戒していたのである。途中の水域にこのような優勢なドイツ艦隊が待機しているのを知りつつも、イギリスは同盟国ソ連に山のような軍需品を送り込まなければならない。

その船団の一つPQ17は六月二十七日、アイスランドのハヴァル・フィヨルドを出帆して、ソ連北部のアルハンゲリスク港に向かった。それは三三隻の商船に、海軍給油艦アルダースデイル（一万七〇〇〇トン）が洋上補給のため付随し、ケッペル（一四八〇トン）以下六隻の駆逐艦、各二隻の潜水艦、防空艦、掃海艇とコルヴェット四隻、トローラー四隻、救助船三隻、合計二三隻の艦艇に守られていた。その護衛の任を命ぜられたのはL・H・K・ハミルトン少将の巡洋艦隊であった。

重巡洋艦ロンドン（九八五〇トン）
〃　ノーフォーク（九九二五トン）
〃　×タスカローザ（九九七五トン）
〃　×ウイチタ（一万トン）
駆逐艦×ウエインライト（一五七〇トン）
〃　×モフエット（一八〇五トン）
〃　ソマリ（一八七〇トン）

（×を付したものはアメリカ国籍のもの）

ハミルトン少将は一九四〇年のノルウェー作戦で巡洋艦隊を率い、敵飛行場を艦砲射撃に出かけたが、途中ドイツ偵察機に発見されたため計画を中止し、ほうほうの態で逃げ帰ったほど慎重な男である。

この巡洋艦隊は全航程の約三分の二にあたるベア島付近までつきそって、ドイツ駆逐艦の奇襲を警戒し、途中から引き返す予定であった。ベア島の東方はUボートの脅威があったので、原則としてイギリスの有力な水上艦隊は立ち入らないよう命令されていた。

アメリカの巡洋艦がイギリス提督の指揮下で作戦したのは、今度が初めてである。後日、これがイギリス軍令部長をして消極的たらしめた原因の一部ともなっているようだ。自国の巡洋艦はともかく、アメリカの〝坊ちゃん〟だけはドイツ大戦艦の餌食にさせたくないという腹らしい。

真夏のため、氷の状態が好転したのでPQ17船団は、今までの船団よりもずっと北寄りの――即ちドイツ基地より遠くの――航路を通ることができた。

出港後三日目の七月一日には、早くもドイツ偵察機の発見するところとなり、あまつさえ一〇隻のドイツ潜水艦に追跡されるに至った。U367、U253の二隻はどうやら撃退したが、依然としてUボートはつけて来る。

翌日には九機のハインケルHe111爆撃機に襲われ、四日には六機の爆撃機のため早くも一隻の商船が沈められ、さらに二五機の来襲を受けて二隻の犠牲を出し、前途の多難が予想さ

大戦中のドイツの代表的爆撃機 He111。写真は英軍に捕獲されたもの。

れた。ドイツ空軍はウイチタ、タスカローザのアメリカ重巡洋艦二隻を航空母艦に、また三本煙突のイギリス重巡洋艦ロンドンを戦艦に誤認していたようだ。

空襲が中休みとなった七月三日には、すでにドイツ艦隊は出撃していた。「騎士の運動」作戦というのがこれで、戦艦テルピッツと重巡洋艦ヒッパーとが敵護衛艦と撃ち合っている間に、ルッツオーとシェアーの二戦艦が、商船を処分してしまうという計画であった。けれども第二部隊のルッツオーと第一部隊の駆逐艦三隻とは、ナルヴィク港で座礁するという思いがけぬ事故をひき起こしてしまったので、残りの艦隊だけでこの作戦を執行することになった。

彼らは予定戦場に接近した入り江に移動して、ヒトラーの出撃許可を今やおそしと待った。けれどもそれはなかなかやって来ない。ドイツ海軍が第二次大戦中不活発であった原因の一つには、このような軍艦の行動にまでいちいち国の元首たる独裁者ヒトラーの許可が必要であったことをあげることができよう。一方、ヒトラーはヒトラーで、イギリス航空母艦の位置がはっきりしないうちは、大型艦をなるべく外洋に出さない方針だったのだ。
事実、航空母艦はいた。それは本国艦隊司令長官サー・ジョン・トーヴェイ大将の率いる艦隊に属していた。

戦　艦デューク・オヴ・ヨーク（三万五〇〇〇トン）
〃　ワシントン（〃）
航空母艦ヴィクトリアス（二万三〇〇〇トン）
重巡洋艦カムバーランド（一万トン）
軽巡洋艦ナイゼリア（九〇〇〇トン）
〃　マンチェスター（九三〇〇トン）
駆逐艦一四隻
（このうち戦艦ワシントンと駆逐艦二隻はアメリカ海軍のもので、一時イギリス本国艦隊の指揮下に作戦したもの）

以上のような有力なもので、ＰＱ17のあとを追うようにして西方よりベア島の北へと向かっていた。トーヴェイ大将はベア島の北西にあって、もし仇敵テルピッツが現われたら、まずヴィクトリアスの雷撃機で敵の速力を落とし、しかるのち海上決戦をいどもうと予定していた。けれども彼は別のアメリカ向け船団をも援護しなければならぬので、ＰＱ17にばかり

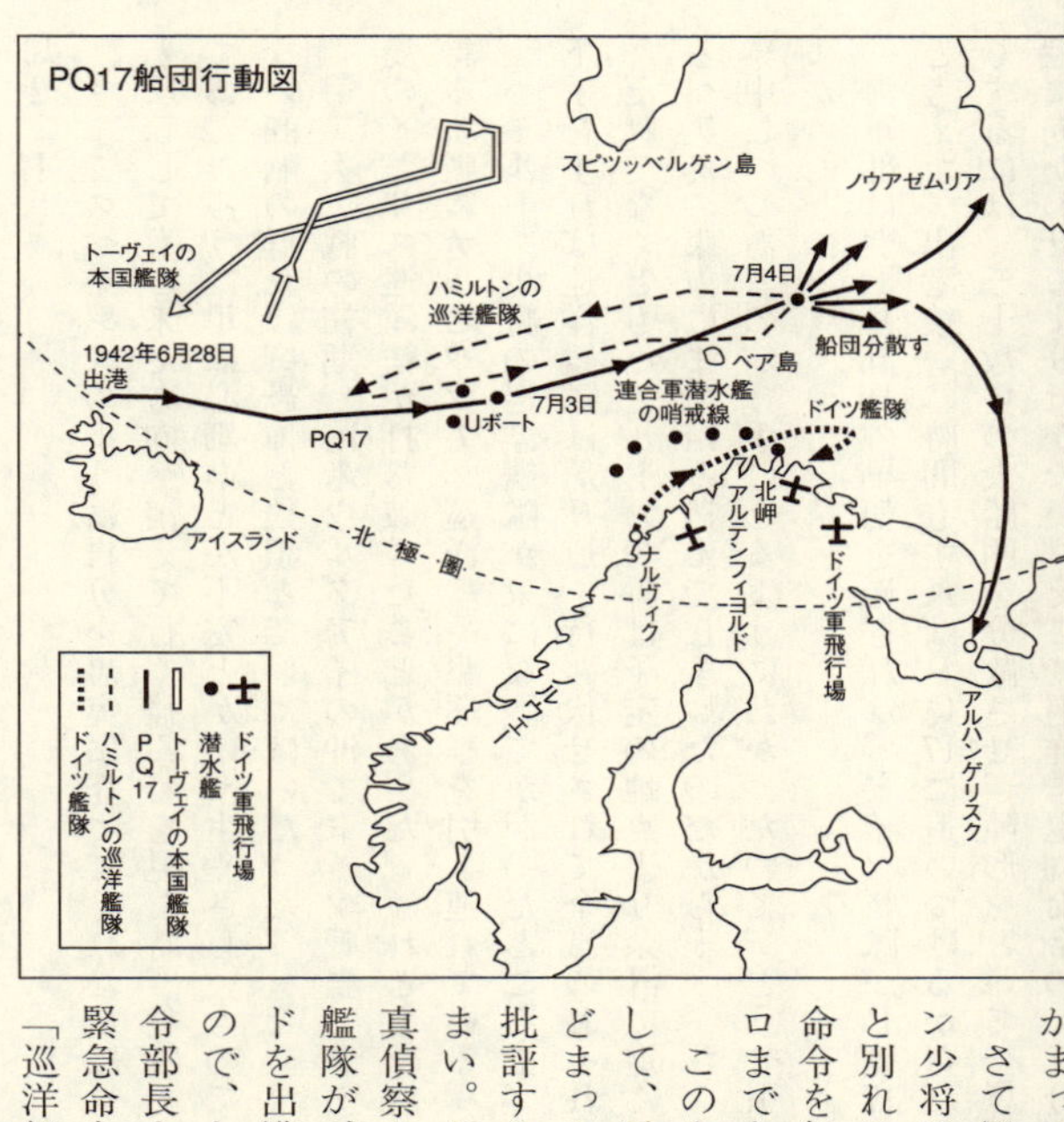

かまってはいられない。

さて巡洋艦四隻を率いたハミルトン少将は、空襲をこうむったPQ17と別れるにしのびず、司令部よりの命令を無視してベア島の東二四〇キロまでもついて来た。

このように彼が自由裁量権を行使して、予定よりも長く船団と共にとどまった以上、彼を臆病な司令官と批評する一部の論評はあたってはいまい。だがイギリス海軍部では、写真偵察の結果、極めて優勢なドイツ艦隊が、すでにアルテン・フィヨルドを出港したに違いないと判断したので、七月四日午後九時十一分、軍令部長よりハミルトン少将に対して緊急命令が打電された。

「巡洋艦隊は高速をもって西方に退

却せよ！」

今までスペイン犬のように自分を忠実に守ってくれた旗艦ロンドン以下の艦隊が、クルリと反転してもと来た方向へ消えて行く後ろ姿を見た時、貨物船の乗組員の心境はいかばかりであったろう。単に心細いとか不安とかいう生やさしいものではあるまい。七ノットしか出ない商船の群れは、恐怖と狼狽とでいっぱいだった。

第二次大戦の初期、南米ウルグアイの沖でドイツ戦艦アドミラル・グラフ・シュペーを三隻のイギリス巡洋艦が打ち破ったことがあった。けれども今度の敵は、ドイツ海軍が世界に誇る新戦艦テルピッツで、巡洋艦や駆逐艦を引き連れている。

ハミルトン少将の巡洋艦隊が束になってかかったところで、カマキリのオノに過ぎない。下手をすれば巡洋艦隊は帰り道を待ち伏せされて全滅のおそれさえある。

それでなくともハミルトン少将は予定の地点より余計に進んで、Uボートの温床といわれるベア島の東方にまで踏み込んでしまったのだから……。さらにUボートが巡洋艦の退路に集中しつつあるのが、手にとるようにわかったので、どうせ引き返すものならば、早い方がよかった。

海軍部は翌七月五日の早朝を過ぎれば、ドイツ艦隊がPQ17を攻撃して来る可能性があると考えた。出港後一〇時間もすればPQ17に追いつけるからだ。従って少しでも犠牲を少なくするには、三十数隻の大船団を分散させ、陣形をといて一隻ずつ目的地アルハンゲリスク港に向かわせるよりほかかない。そこで巡洋艦退却命令の一二分後、軍令部長より、

「敵水上艦隊の脅威あり、船団は分散し、ソ連の各港湾に向かうべし」

の命令が出された。低速な商船の分散はたとえ一秒でも早いほどよい。

このままの編成で東に進むと海面がやや狭くなり、散開の効果が減少するので、再び九時
三十六分、

「ただちに船団を分散せよ！」

と催促して来た。

この瞬間、ＰＱ17の悲劇はその極に達した。北岬沖約三八〇キロの地点である。

イギリス潜水艦Ｐ614、615の二隻はそのままのコースを続けて、ドイツ戦艦が商船に近寄って来たら、魚雷攻撃をかけようとして船団護衛司令官ブルーム中佐に、

「本艦はできるだけ潜航を避けて、少しでも水上航行を続ける」

と信号した。

すると彼は駆逐艦ケッペルより、

「本艦もそうしたい」

と答えて来た。

このユーモアはあたりの緊迫した空気を和らげるのに役立った。

掃海艇二隻、救助船三隻、コルヴェット四隻、トローラー四隻と防空艦パロマレスポザリカは商船と同じく東方のソ連の港に向かった。今にもドイツ新戦艦のマストが夜の水平線の上に現われるのではないかと気が焦るばかりだ。

船団直接護衛のケッペル以下六隻の駆逐艦はハミルトン少将より、

「後続せよ!」

の命令を受け、混乱した商船の群れとタモトを分かって西方に舵を切った。

彼のこの命令が後世の非難を浴びたのだ。彼が軍令部長よりの無電に接して商船を見捨て、重巡洋艦四隻と三隻の直衛駆逐艦を引き揚げた点はうなずけるとしても、だれが船団の駆逐艦にまで退却を命じたか? このため、バラバラになった商船の群れは、Uボートとドイツ空軍の絶好の餌食となってしまったのである。ハミルトン少将は当時の状況を次のように説明している。

「自分は巡洋艦隊をおとりに使ってドイツ艦隊をハーヴェイ司令官の本国艦隊の方向に、おびき寄せようと思ったのです。ですからこの大艦隊決戦の際には駆逐隊が是非必要となると予想して、この命令を出したのです」

けれども本国艦隊には一四隻の駆逐艦が配属されていたから、何も船団を守っていた駆逐艦まで引き抜く必要があったろうか?

彼は自己の権限と任務について、やや誤解していたようだ。さらに軍令部長自身もハミルトン少将が駆逐艦まで、PQ17から連れ去ってしまったことを二一時間後まで知らず、このニュースを聞いてびっくりしたほどだ。

ところが予期に反してドイツ艦隊はなかなか現われない。こんな筈ではなかったのだ。

駆逐艦ケッペルのブルーム中佐は、濃霧の中でハミルトン少将に「船団援護のため、吾人

ドイツの戦艦テルピッツ。38センチ砲8門を搭載、ビスマルクの同型艦。

の指揮下にある六隻の駆逐艦だけを、もう一度ひき返させてもらいたい」旨を暗示したけれど、ハミルトン少将は上記の理由から、これを無視したのだ。

もし彼がおそまきながらも駆逐隊をPQ17に帰していたら、商船の損害は必ずやもっと少なくてすんだに違いない。

一方、七月五日の午前十一時半、やっとヒトラーの出撃許可が下りたシュニエヴィンド提督は、戦艦テルピッツ、アドミラル・シェアー、重巡洋艦アドミラル・ヒッパー、駆逐艦七隻、水雷艇二隻をひきつれて、そびえ立つ山々に囲まれたアルテン・フィヨルドの基地を出港した。だから彼が出港した時、すでにPQ17はクモの子を散らすように分散し、大混乱を呈していたのだ。

彼は東へ向かう途中、偵察機の報告で、すでにPQ17が隊形を解いたことと巡洋艦隊が退却したこととを知っていた。

間もなくドイツ艦隊はイギリス潜水艦隊の哨戒線にさしかかった。イギリス海軍はドイツ艦隊の出撃を予期して九隻の潜水艦（うち一隻はフランス海軍のミネルヴァ）を北岬沖に配置しておいたのだ。めずらしくも、これには二隻のソ連潜水艦も協力した。さらにＰＱ17の直接護衛についていたＰ614、615の二隻もこの水域に急行していた。

ところが司令部に驚くべきニュースが飛び込んで来た。

「ソ連潜水艦Ｋ21号は七月五日、ジグザグコースをとって航行中のドイツ駆逐艦の厳重なる警戒網を突破し、大戦艦テルピッツに魚雷二本を命中せしめた」

というのである。だからＰＱ17の前途には未だ一条の光明が残されたわけだ。

ところがイギリス潜水艦Ｐ54号の報告によると、これは真っ赤な嘘で、テルピッツは依然として高速力を以って北西に向かっていることがわかった。

距離が遠かったので、Ｐ54号は魚雷攻撃をかけるチャンスに恵まれず、シュニエヴィンド大将は危ういところを助かったのだ。彼は自己の位置を連合軍の潜水艦と偵察機とに発見されたので、次に空母機よりの爆撃を心配したが、なおも東方への航海を続けた。

この間、ドイツ本国の最高司令部では、レーダー元帥が「バラバラになった商船はＵボートと空軍で攻撃した方が効果的である」とし、一年前の戦艦ビスマルクの惨劇をくり返さぬよう、あえて水上艦隊の強行進出に反対した。

その夜、即ち五日の午後九時三十分、シュニエヴィンド大将は司令部よりの命令で作戦を中止し、ただちに引き返した。彼が帰路についたころ、イギリス潜水艦隊は再びその哨戒位置につき、航空母艦ヴィクトリアスが航空攻撃の準備を整えたけれど、ドイツ艦隊は無事にナルヴィク港に帰ることができた。

他方、トーヴェイ司令長官の二隻の戦艦、航空母艦一隻、巡洋艦四隻の本国艦隊は、PQ17の援助に赴くには、あまりに遠すぎる位置にあったので、五日の朝、ドイツ海軍との決戦を断念し、イギリス本国の大根拠地スカパフローに向かった。

同日、彼は潜水艦P54号より「テルピッツ発見！」の報を受け取ったが、敵の位置は船団の分散した地点より少なくも四八〇キロはあったので、まずは安心と、そのまま引き返してしまった。

この隊の一隻であったアメリカ戦艦ワシントンの乗組員は、アイスランドに帰った時（ここにはアメリカの前進根拠地があった）、「仲間に合わせる顔がない」と上陸を辞退したほどである。

その他のイギリス本国艦隊は途中、ハミルトン少将の巡洋艦隊、駆逐隊と合流して船団分散の四日後の七月八日、スカパフローに帰投した。

さてPQ17のその後はどうなったろうか？　その悲惨さは目を覆うばかりであった。

二隻の防空艦とひとにぎりの小型艦艇は、そのまま東方へのコースを続けたとはいえ、別れ別れになった無防備の商船の損失は痛々しいほどである。

三三隻のうち、一〇隻がUボートにより、他の一二隻と救助船一隻とが空襲によって沈められ、乗組員は氷の海で凍え死んでしまった。これに対してハインケルHe111、ハインケルHe115、ユンカースJu88など、合計二〇二機を使用したドイツ側(空襲に参加しなかった偵察機はこの二〇二機の中に含まれていない)の損害はわずかの五機であった。この中には分散前に巡洋艦や駆逐艦の対空砲火で撃墜されたものをも含んでいる。

このほか、海軍給油艦アルダースデイルも爆撃により沈められた。

ハミルトン少将が駆逐艦まで退却させたのは、一説には船団の分散によって給油艦の位置が不明になる可能性があるので、いっそのこと航続距離の短い駆逐艦をも連れ去ったのだともいわれている。アルハンゲリスクを基地とする二隻のソ連駆逐艦も捜索に協力し、生き残った商船は二〇日も経ってから、疲れ切った姿でボツボツとソ連の各港へ入って来た。

その多くはアメリカとイギリスのものだが、ソ連の商船もあったのでソ連政府は、ただちにイギリス海軍省に抗議を持ち込み、アメリカの海戦史評論家は戦後、この事件をきびしくこき下ろした。PQ17に関してスターリン首相が「ソ連向け軍需品の運搬はソ連が自らの責任をとる」という協定条約文を忘れて、自国の海軍の無力さをたなに上げ「イギリス海軍がソ連商船を見殺しにした」という苦情を山のように殺到させたので、チャーチル首相も大いに立腹してしまった。

そしてあわれなハミルトン少将は、いろいろといい訳が立つけれども、「臆病な司令官」というレッテルを張られてしまった。この時の失敗にかんがみ、二ヵ月後にPQ18船団がソ連に向かう時には、商船を改造した補助空母アヴェンジャーが初めて直接護衛の任につくようになった。結局、ドイツ水上艦隊は一隻の商船をも沈め得なかったが、それは実際よりも何倍かのエネルギーを発揮したのである。

12　失敗したディエップ上陸作戦

ダンケルク撤退作戦以来イギリスに逃れ、毎日を無為に送っていたカナダ陸軍にとっては、この数ヵ月の間、怠惰と刺激のないことに飽きていた。軍令部でも彼らのモラルの低下を防ぐ意味から、再びこの部隊を作戦に投入したく思ったが、まだ警戒の厳重な欧州大陸の大西洋岸へ逆上陸を行なう時期ではなかった。

たまたまドイツ軍のために東方のソ連軍は苦戦しており、今にも降伏しそうな状況だったので、彼らに援助の手をさしのべる意味からも、ドイツ軍の背後に奇襲上陸作戦を企てる必要が痛感されたのである。

目的地としては北フランスのディエップ港が選ばれた。ノルマンディー半島最古の港で、平時には英本土との間に連絡船が通っていた所だ。

ディエップはまた海水浴場としても知られ、ここに入港した漁船からはニシンやサンマ、マグロなどが花のパリへ送られていたのである。幸いにしてそこは、イギリス戦闘機の行動半径内に十分入っていたが、港の両側には高い絶壁がそびえ立ち、ドイツ軍のレーダー基地や四つの重砲台、一つの戦闘機基地、ドックなどにより厳重に警戒されていたのである。またそこには化学工場、ガス工場、ガソリン集積所があり、沿岸用船団の基地ともなっていた。一九四二年（昭和十七年）四月より、ラッター作戦と秘称されるこの計画が立案され、五月十三日には早くも会議を通過した。

スパイの情報によると、ディエップ防御のドイツ陸軍はわずか一個大隊で支援部隊を合わせても、総数一四〇〇名に過ぎぬことが判明した。他方、これに使用される予定の連合軍陸、海、空軍は総計一万人以上に上り、一九四二年七月四日がその予定日とされた。

ところがイギリス南部の諸港に集結したイギリス船団は、突如、四機のドイツ機に空襲されて二隻の輸送船が爆撃され、早くもその計画が漏れたのではないかと危ぶまれ、あまつさえ悪天候のためパラシュート部隊が出撃できず、結局、乗船した兵員たちは、上陸四散してしまった。

全作戦を監督して来た東南軍司令官モントゴメリー陸軍大将（数ヵ月後、北アフリカ方面で活躍した有名な将軍）も、ディエップ港攻撃中止を力説し出した。しかし、いずれ行なわれる欧州大陸への反攻上陸作戦のアドバルーンとして、当作戦をぜひ行なう必要にせまられ、再度計画が立てられ、今度はジャビリー作戦と名称が改められた。

ジャビリーとはユダヤ民族のエジプト脱出を祝う五〇年祭のことである。参加した海軍艦艇は次のとおりだ。

護送駆逐艦八隻（一〇〇〇トン〜一〇五〇トン）
カルプ（旗艦）、ブロックレスビィ、ファーニー（予備旗艦）、ガース、バークレイ
ポーランド海軍護送駆逐艦（イギリスより貸与されたもの）スラザック（旧英名ベディール）

その他、イギリスの同級護送駆逐艦二隻

これら八隻の護送駆逐艦は、ことごとくハント級に属する。ハント級とは、イギリスにおいて行なわれた有名な狩りの名を艦名としたもので、発射管を持たない初の低速小型駆逐艦であり、駆逐艦よりフリゲート、あるいはスループへの過渡期の艦種と見ることができる。第二次大戦の初期に対空、対水上用護送艦として計画され、大戦中、四つの型に分かれて総計、実に八六隻もが建造されたものだ。このうち、旗艦カルプは一九四三年十二月、アメリカ駆逐艦ウェインライトと協力して地中海でU593号を撃沈し、ブロックレスビィは戦後ソナーの練習艦として使用されている。

上陸地点は東部、中央部、西部海岸の三つの部分に分けられ、それぞれの方面には、各三隻の歩兵上陸母艦が派遣された。

歩兵上陸母艦　九隻

〔西部海岸方面〕

プリンス・アルバート
プリンス・ボートリクス
インビクタ
〔東部海岸方面〕
クイーン・エムマ
プリンセス・アストリド
デューク・オブ・ウエリントン
〔正面海岸〕
グレンギル
プリンス・チャールズ
プリンス・レオポルド

これらは新型の海峡連絡船や高速貨客船を改造したもので、小型の上陸用舟艇を多数搭載した特務艦である。一般に四〇〇〇トン近くで、日本陸軍の特殊上陸母艦摩耶山丸、吉備津丸、王津丸、高津丸、日向丸、摂津丸などの半分ほどもなく、かつ日本船に見られるような舟艇用特殊スベリ台を有さなかったが、これらの特殊船で自信を得たイギリス海軍は、のちに大型の上陸用舟艇母艦を大量生産するに至ったのである。その他、砲艦、ランチなど三九隻、上陸用舟艇一七九隻、スループ艦一隻、上陸艇指揮艦一隻、合計二三七隻という「小粒な大艦隊」は八月十八日夜、イギリス南部の諸港から出港した。

その中でも変わっているのは、中国大陸を流れる揚子江での使用のため、特に設計した新型の河川用砲艦ロカスト（「バッタ」の意）である。ロカストは、通信能力を向上させて上陸用舟艇の指揮艦に改造され、この日、新たなる任務についたのであった。その姉妹艦ドラゴンフライとグラスホッパーは昭和十七年二月、シンガポールで日本軍のため撃沈された。

乗船する兵員はカナダ兵四九六一名、コマンド（特殊訓練をほどこした軽業師のような部隊）一〇五七名、アメリカ・レンジャー部隊（米コマンド部隊ともいうべきもの）、その他、フランス、ベルギー、ポーランドなどの兵員若干も加わった。戦後、ベルギー海軍のフリゲートに「レフテナント・テル・ジー・ビクトル・ビレ」というのがあるが、同艦はこの戦いで戦死したベルギーの海軍少佐の名をとったものだ。

ＬＣＴＸ24（タンク上陸艇）は、合計五八台もの「チャーチル大型タンク」を腹いっぱい積み込んでいた。

他方、ドイツ軍がスパイ活動によって、英軍の上陸を事前に予知したというような事実はなかった。けれども一般に当地区への脅威を見越して防衛措置を強化していたところだった。

特に月齢と潮流が上陸に好都合な八月十日と十九日とには、特別警戒が発令されていたのである。そうとも知らず連合軍は八月十九日、未明から上陸を開始しかけたのである。さらにこの方面のドイツ師団は七月、八月の間に増強されていたのだ。

先程の編成表によってわかるようにイギリスの戦艦の名は全く見られない。地中海方面では旧式戦艦が盛んに艦砲射撃をくり返したものだが、狭い英仏海峡に貴重な戦艦を入れて、ドイツ空軍の爆撃を受けたりしてはつまらないし、また長い歴史を持つイギリス海軍が「沈まない陸上砲台と撃ち合うことは艦艇側に不利である」というタブーに従ったまでのことである。

従ってドイツ軍の一五センチ砲と戦うのには、ハント級護送駆逐艦の一〇・二センチ砲しかなかった。では、どうして砲台を爆撃しないのか？

それは事前の爆撃でドイツ軍を刺激、警戒させては、かえって歩兵の上陸に不利となることと、たとえドイツ軍占領下とはいえ、これに大挙夜間爆撃を加えては、平和な夢を紡いでいるフランスの非戦闘員を殺傷しかねないからだ。だから、参加した英空軍六七中隊のうち六〇中隊までが戦闘機であった。

パラシュート部隊を用いなかったのも同様な理由と、天候のためとで、第一、連合軍としては、長期にわたってディエップを占領する意思は全くなく、ただ二年後のノルマンディー上陸作戦のテストケースとして、ドイツ軍がどの程度、沿岸防備に力をさいているかを知りたかっただけである。

パラシュート部隊の代わりに「海の奇襲部隊」としてコマンドが多数参加したのもそのためだ。

まず掃海艇隊二隊が八月十八日、先陣として出港し、海軍艦艇は一三のグループに分かれてこれに従った。

先陣は六隻の護送駆逐艦に守られた九隻の歩兵上陸母艦で、その直後に旗艦たる駆逐艦カルプと二番艦ファーニー、コマンドを乗せた河川用砲艦ロカスト、次に部隊を乗せたモーター・ランチ、最後部にはタンク上陸艇が従った。上陸予定は八月十九日の太陽が上る直前の午前四時五十分に、東側、西側の両海岸に対して行ない、一時間後には別の部隊がディエップ港の中央正面に上陸するはずであった。

予定通り九隻の歩兵上陸母艦は、岸から一六キロの沖に停泊して、午前三時より二〇分間に上陸用舟艇を降ろし、帰途についた。

ところが、当時ドイツ海軍も偶然にディエップ沖を航行中であったのである。

それは、沿岸用の小船団であり、護衛艦としてはモーター・ランチ五隻と三隻の大型武装トローラー漁船のみであったけれど、ドイツ海軍の小型艇の武装は比較的重装備であったから、たちまちディエップ東岸攻略の英軍は苦戦に陥った。場所はディエップ北東方のブーローニュ沖。ドイツ船団も西南方へ航行中のものでディエップ港に向かいつつあるものであった。

このように、彼我の上陸部隊や船団が偶然、同時に同じ目的地へ向かうということは、昭和十九年十二月、レイテ島への第八次輸送作戦における多号第八次船団（陸軍二等輸送艦四

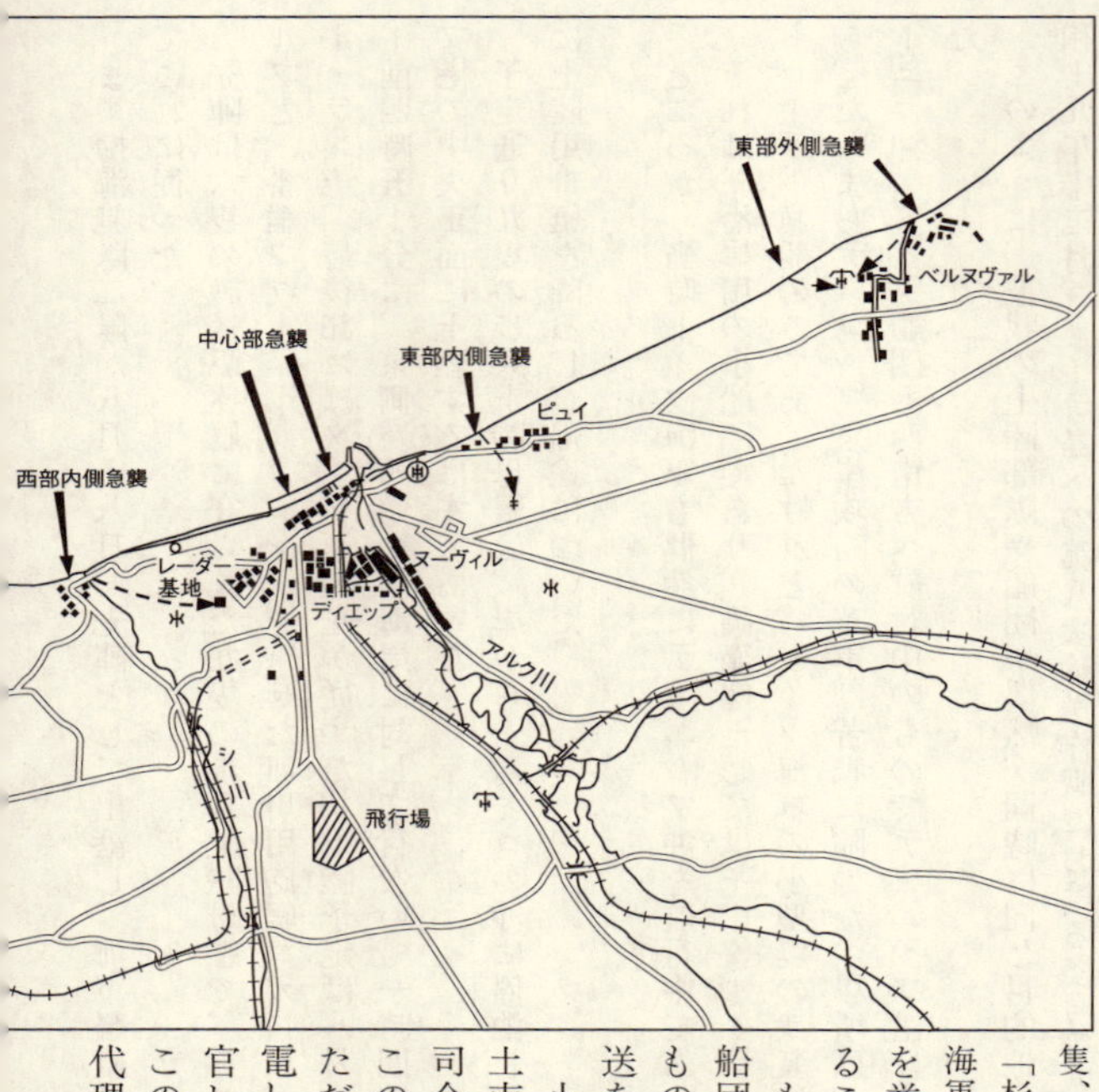

隻、護送駆逐艦「梅」「桃」「杉」、駆潜艇第一八、三八号、海軍一等輸送艦第一一号）の例を挙げるまでもなく、よくあることだ。

もっともこの場合、ドイツ船団は逆上陸の兵員を乗せたものではなく、単なる貨物輸送を目的としたものであった。

小海戦の約一時間前、英本土南岸のディエップ本国艦隊司令長官は上陸艇の行く手に、このドイツ小船団を捕らえてただちに船団にそのむねを打電したが、旗艦カルプの司令官ヒューズ・ハレット大佐はこの無電を受け取らず、旗艦代理の護送駆逐艦ファーニー

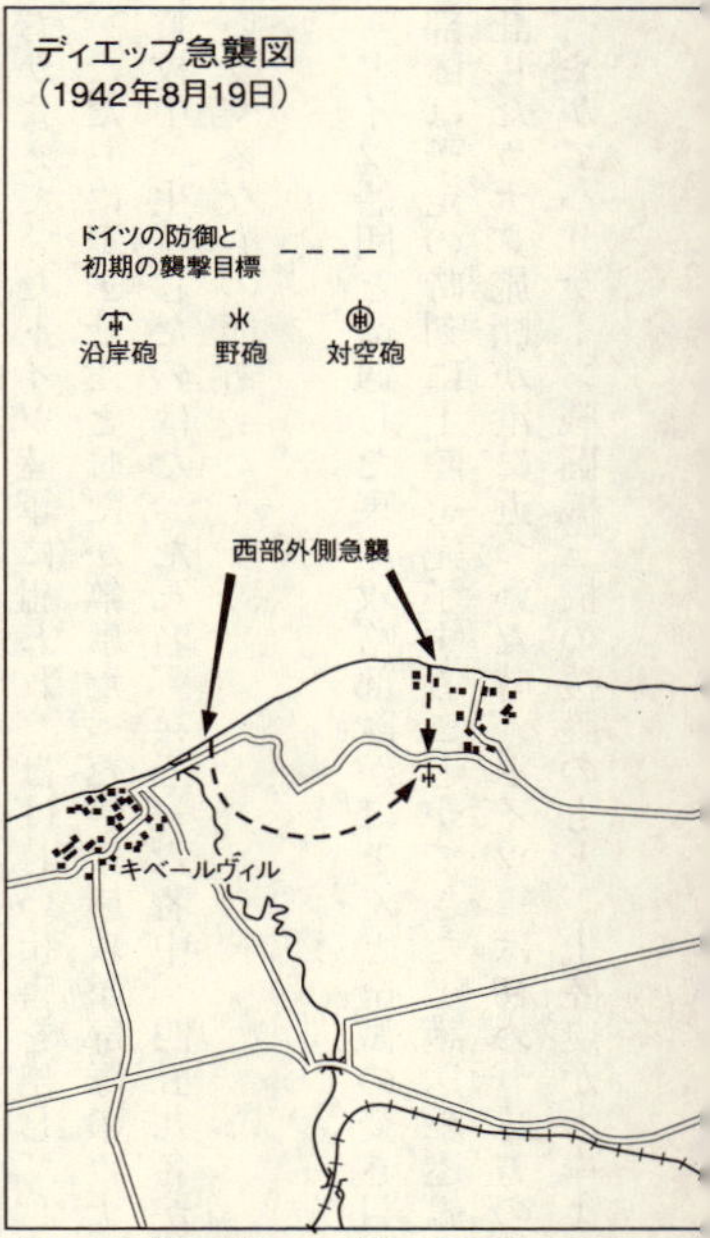

ディエップ急襲図
（1942年8月19日）

のみがその意味を覚ったという有り様であった。しかし、行動の秘密を守るため、上陸艇やファーニーは無電を打つことを禁じられていたので、旗艦カルプは最後までドイツ船団に気づかなかった。

英船団の左翼は東海岸攻略を予定されていた第五部隊であった。全く偶然にドイツ船団と出合ってしまったことは、そもそもディエップ上陸作戦の奇襲性が失われ、ひいてはその失敗の原因ともなるのである。

第五部隊は第二十四上陸艇隊の上陸用舟艇二三隻と、護送艇としてコマンドを乗せた三隻の高速モーター・ランチよりなっていたが、この第二十四上陸艇隊は八月十九日午前三時四十七分、フランス沖約一一キロにて突如、ドイツ船団より頭上に照明弾を浴びせられて狼狽してしまった。約二〇分前に歩兵上陸用母艦より降ろされて、すでに母艦は引き揚げたところである。ドイツ船団は、目の前に現われる小粒な上陸艇を片っ端から、機銃で狙い撃ちし、あるものは体当たりで英艇を沈めた。

イギリス上陸艇隊の東方を守っていた二隻のハント級護送駆逐艦は、暗闇の中に砲火の閃光を認めたけれど、これを陸上砲台より撃ってきたものと判断して無視し続けたのである。

イギリス側護衛艦のミスは大きい。たとえ二隻でも護送駆逐艦が救援に駆けつけたら、形勢は逆転したろう。このため機動砲艦一隻は、五隻のドイツ小艇から集中攻撃を受け、一〇分後に大破してしまった。小海戦開始後、ちょうど二〇分の四時七分、すでに四散してしまった第二十四上陸艇隊の一部は、上陸を諦めて六ノットの速力で帰途についたのである。はげしい損害を受けたとはいえ、イギリス上陸艇隊も反撃し、モーター・ランチ346号はドイツ船団の小型武装給油艦フランツと交戦、敵を座礁せしめ、自らも艇長以下を失って沈没してしまった。さんざんな目に遭った第二十四艇隊のうち、七隻は日の出後約二五分、ディエップ東岸の二ヵ所に接岸、カナダ兵を上陸させたが、予定より三〇分もおくれたため、待ちかまえていたドイツ陸軍に狙われ、はげしい損害を出してしまった。ただちに退去せんとしたが無駄だった。東岸攻撃部隊のカナダ兵の損害は甚大で二九名の将校中、生還したのはたった三名、兵五一六名中、四五九名が戦死、重傷または行方不明という悲惨なものであった。

ドイツ船団と遭遇した東岸攻略部隊がほとんど全滅の憂き目を見たのに対して、西岸攻略部隊は予定の時刻に上陸を完了することができた。護送駆逐艦ガースを先頭に、舟艇に身を託したカナダ旅団が港に近づいた時、ドイツ軍は初め、味方の船団と思ったらしい。やがてハリケーン戦闘機三機の援護のもと、上陸艇が海岸より八〇〇〇メートルに近接し

1942年８月、英加軍の強襲上陸後のフランス北部ディエップ海岸の惨状。

た時、満を持した六門のドイツ野砲が初めて火を噴いた。歩兵上陸艇に続いたタンク上陸艇の艇首トビラより吐き出されるタンク三〇台のうち二七台は、海岸の高い岸壁に阻止されて約半分のみが内部に侵入し得たにすぎず、それらとてもコンクリートで固めた障害物に遭って、タンクは一台も市内へ侵入することができなかった。

他方、旗艦護送駆逐艦カルプは上陸した陸軍がいかに苦戦しているかも知らず、次々と後続部隊を送って死傷者を続出させてしまったのである。

最初の上陸後約六時間にして、ついに退却命令が発せられ、上陸用舟艇は再び砲火をくぐって陸軍を収容にかけつけた。退却中、護送駆逐艦ブロックレスビィは、ドイツ軍機銃座に一〇・二センチ砲弾を撃ち込んで、これを沈黙させたのである。

東、西岸上陸より約一時間おくれ、煙幕に包まれた中央部攻略部隊が上陸を開始した時は、早くも夏の太陽は東の水平線にその顔を現わしていた。

大体、イギリス海軍は「作戦が面倒になりすぎ、かつ東、西岸への上陸より一時間おくれたのでは、死傷が続出する」という理由で、ディエップ港への正面攻撃には、かねてより反対していたのであるが、陸軍側の意見として「東岸、および西岸に上陸した部隊のみでは、ディエップ市内に突入するのに、時間がかかり奇襲の意義に反する」という理由で強行される手筈となったものである。

中央攻略部隊は、東岸攻略部隊のように全滅ということはなかったけれど、これまた手痛い損害をこうむってしまった。

この部隊はイギリス歩兵が多く、六〇機のハリケーンやスピットファイア戦闘機が援護した。午前六時三十分、沖合の旗艦カルプの艦橋では、予定通り事態が進んでいると見て司令官ヒューズ・ハレット大佐はすっかり気をよくしていた。後陣としてやって来た自由フランス海軍の駆潜艇は、乗船中のイギリス海兵隊員を、岸から帰ったばかりのからの上陸艇に移乗させている。

ところが上陸した中央部攻略隊も実は頑強なドイツ軍の抵抗に遭い、行き悩んでいたのである。要するに沖の司令官と上陸した第一線との連絡が不十分だったのだ。

十一時三十分、護送駆逐隊は艦砲射撃を再度くり返して、海兵隊を援護しようと岸に近づいたところ、砲台から反撃されて旗艦代理のファーニーとブロックレスビィとが命中弾をこうむってしまった。

このころにはドイツ空軍の反撃も次第に強まり、八月十九日正午、上陸部隊に、「急ぎ退却せよ！」という命令が伝達された。西海岸攻略部隊はすでに一時間半前に退却を開始している。

司令官ヒューズ・ハレット大佐は、あまりの出血に驚き、以後の作戦をあえて中止したのだ。乗りおくれた部隊が残されておらぬかと偵察に行った旗艦カルプは、はげしく陸上砲台から撃たれて沖へ逃げ帰って来る有り様だった。

艦艇が退却を開始しかけた午後一時ごろ、ドイツ空軍の爆撃を受けて護送駆逐艦バークレイが大破、味方艦によって処分され、旗艦カルプもまた、急降下して来たメッサーシュミット戦闘機一機の機銃掃射を受けたのである。八月十九日の真夜中をちょっと過ぎたころ、河川用砲艦ロカストや七隻の護送駆逐艦はほうほうの態でポースマス軍港に逃げ帰って来た。その甲板には五〇〇名もの重傷者が、あえいでいたのである。

両軍の損害を比べてみよう。

I　空軍

〈イギリス〉

戦闘機	八八機
爆撃機	一八機
計	一〇六機

〈ドイツ〉
戦闘機　二三機
爆撃機　二五機
計　四八機

イギリス側の損害の大きいのは、英仏海峡を渡って基地遠く作戦したことに影響あるためであろう。

II　海軍（喪失）
〈イギリス〉
護送駆逐艦バークレイ
上陸用舟艇その他三三隻
〈ドイツ〉
小型給油艦フランツ
護送艇一隻

III　陸軍（戦死）
カナダ兵。参加せる四九六一名のうち、三三六三名が死亡、または行方不明。
コマンド。参加せる一〇五七名のうち、二四名。
ドイツ。約六〇〇名（空軍、海軍の死者を含む）。
陸、海、空のどの方面でも対照表はイギリス側に不利である。

大体ディエップのように厳重に警戒された要塞に対して、はげしい爆撃と戦艦の艦砲射撃を省略したり、パラシュート部隊を用いずに上陸作戦をこころみたところにそもそもの誤りがあった。

連合軍にとって、ディエップの占領がぜひとも不可欠というほどのことはない。

一、偵察機による写真偵察が容易なこと。

二、二年後に行なわれる北フランス上陸へのテスト・ケースとし、ドイツ軍の海岸防衛の程度をしらべること。

などの意味から、「在英カナダ軍の失業対策」的意義しか有していなかったのである。にもかかわらず、これほどの悲惨な目に遭った連合軍は、これにこりて一九四四年（昭和十九年）六月六日、ノルマンディー上陸作戦まで二度と北フランス上陸を企てなかったのである。

我々、日本人にとって「ガダルカナル島」と聞くだけでも、著しい犠牲を連想するが、連合軍にとっては、「ディエップ港」が出血作戦の代名詞となっているのだ。

わずか九時間そこそこの上陸戦で早くも作戦を放棄し、バラバラになって敵地に取り残された多くのカナダ兵は捕虜となってしまった。ディエップ港上陸の失敗の原因は前線部隊の小さな戦術的ミスとして、

一、作戦があまりに、コリすぎて難解な点。

二、その弾力性がなく、臨機応変の処置が不十分。

三、陸海空軍の間の連絡の不徹底。

などがあげられる。兵器技術の上からはイギリス側に唯一のプラスとなったものがある。ドイツ軍のすぐれた「無電による敵位置測定装置」を捕獲して来たことだ。けれども戦略的には、イギリス軍令部の作戦そのものが欠陥を宿していたといえよう。

13　ツーロン港の悲劇

一九四二年（昭和十七年）四月、ロンドンをおとずれたマーシャル米陸軍参謀総長は、チャーチル英首相と会談し、

一、従来の計画通り、ドーヴァー海峡をわたってフランスに上陸、ドイツ本土に巻き返す「掃蕩」作戦を強行するべきか。

二、地中海を通って南フランスに上陸し、ヨーロッパに第二戦線を形成、ドイツへ南から侵入する「大鎚」作戦を行なうか。

について、みっちりと作戦方針を練った。

けれどもまだ連合軍の戦力は、大上陸作戦を敢行するには十分ではなく、一も二もこれを行なうには上陸用舟艇の絶対数が不足し、多大の出血を見るであろうという結論に達した。

そこで、代わりに地中海を通って北アフリカ上陸作戦を行なうこととし、これを暗号で炬火（トーチ）作戦と呼称、アメリカのアイゼンハワー大将がこの「ヨーロッパ十字軍」の最

高司令官に任命され、海軍側としては地中海で二年間にわたりイタリア海軍を傷めつけて来たイギリス地中海艦隊司令長官サー・アンドリュー・カニンガム大将が任命された。北アフリカに上陸することはドイツ本国より大分遠いけれど、さんざんな目にあっているソ連陸軍を少しでも益するところがあろうし、同時に中近東方面における連合軍の危機を救うところ、大であろうとみなされたのである。

そこで一九四二年十一月八日以後、カサブランカ、アルジェなどのフランス領北アフリカ諸港は連合軍の奇襲上陸を受け、フランス砲台は米新戦艦マサチューセッツ、巡洋艦ウイチタ、ブルックリンなどに命中弾を与えたが、米空母レンジャー、その他、護送空母機の活躍により、現地のフランス軍はほとんど降伏してしまったのである。

だが、問題は本国のツーロン軍港にいる一〇〇隻近くのフランス地中海艦隊であった。「連合軍北アフリカへ上陸！」の報は、彼らに重大なショックを与えずにはおかなかった。もはや、対岸の火事ではすまされない。

大体、フランスの立場そのものがきわめてデリケートである。ヨボヨボの老人ペタン元帥は、一九四〇年七月の休戦条約により、ドイツ軍と仕方なく講和し、温泉の街ヴィシー市に仮政府を作った。そして全フランスはドイツ軍占領地帯と非占領地帯との二つに分類され、ツーロンは後者に属していた。

ヒトラーは、すぐにでもフランス艦隊を接収したかったのであるが、休戦時におけるヴィシー政府との約束もあり、「いずれあとで」と機会を狙っていたのである。

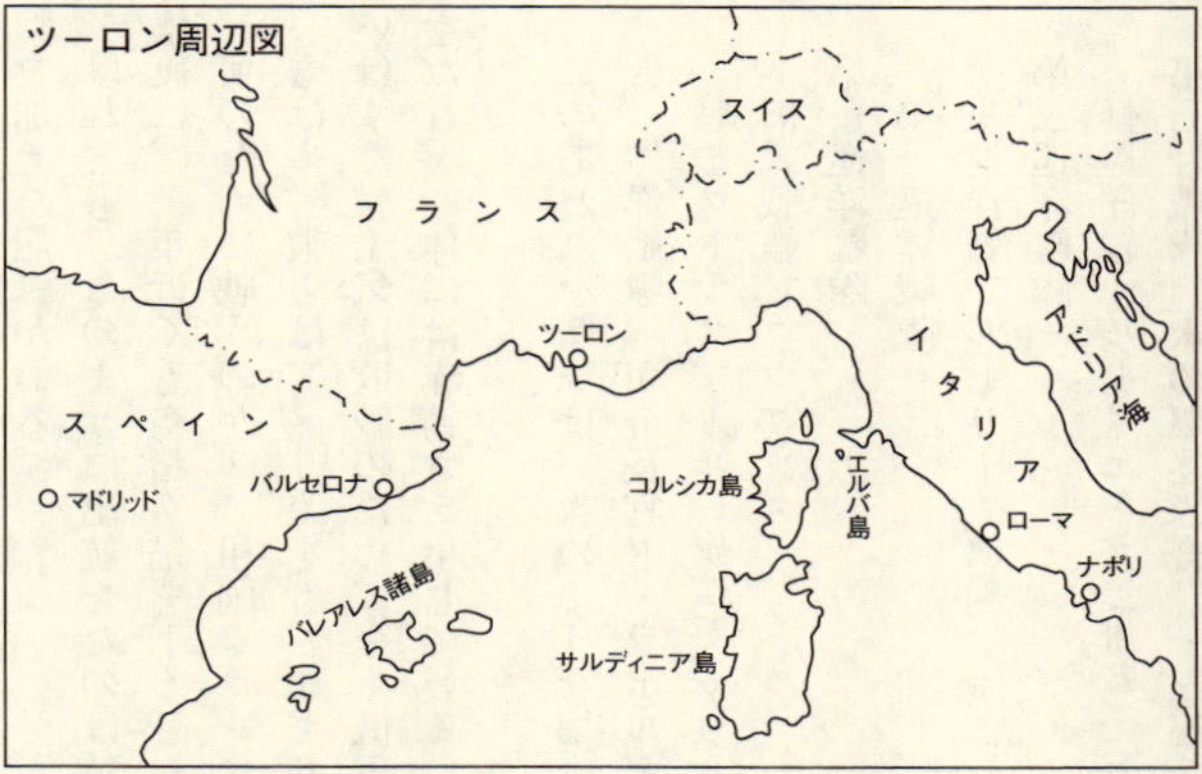

ツーロン周辺図

もちろん、ツーロンの艦隊は、ドイツ軍と協力するヴィシー政府の下にあった。さもなければ彼らは、存在を許されなかったであろう。

だからツーロン港よりフランス中型潜水艦カイマンとマルスーアン、航洋潜水艦フレスネルなどが出撃しては、アルジェ沖で米輸送船団の偵察を行なっていた。

このうち、フレスネルは、十一月八日、カサブランカ港にあって米空母レンジャー以下に、こっぴどく爆撃され、同港のフランス駆逐隊は全滅したけれど、同艦のみが潜水艦の特性を発揮して首尾よくツーロン港へ逃亡するのに成功したのであった。

この三隻の潜水艦が持って来た情報は十一月十四日、ツーロンで開催されたフランス・ドイツ海軍連絡会議において、ドイツ海軍のヴェーヴェル少将に報告されている。また、フランスのスループ艦ラムペテューズは、ツーロンのわずか一〇浬沖で、偵察にやって来たイギリス潜水艦を発見、これに爆雷攻撃を加えた記録がある。

けれども、このように出航したのは数えるほどの小型艦艇のみであり、戦艦以下大部分の艦艇は、二年近くも空しく錨を下ろしたまま、ほとんど動かなかった。

何のために戦うのか？　祖国フランスは、すでに休戦している。もはや、彼らはアメリカをも、イギリスをも、またドイツをもイタリアをも敵としていないはずだ。士気は敗戦のため、全く低下してしまっている。赤、白、青の軍艦旗は力なくうなだれ、船体には赤錆さえ生じている。

このあわれな艦隊は、次のような編成であった。

A　外洋艦隊　司令長官ド・ラボルデ大将
戦艦ストラスブール（旗艦）、ダンケルク
旧式戦艦プロヴァンス
第一巡洋艦隊
第一巡洋戦隊
重巡洋艦アルゼリー（旗艦）、デュプレー、コルベール
第三巡洋艦隊
軽巡洋艦マルセイエーズ（旗艦）、ジャン・ド・ヴィエンヌ
第三軽戦隊　次の駆逐隊合計一三隻

第六駆逐隊＝ヴォルタ（旗艦）、アンドンプタブル
第五駆逐隊＝タルチェ、ヴォークラン、ケルサン
第七駆逐隊＝ゲルフォー、カッサール、ヴォートール
第八駆逐隊＝ケパール、ヴェルダン
第十駆逐隊＝ラドロワ、マムリュク、カスク
（軽戦隊は第十駆逐隊以外、すべて二〇〇〇トン以上の特型駆逐艦である）

B　第三地区、海軍方面部隊
第一駆逐隊＝ブールドレイ、ル・マルス、ラ・パルム
第十三駆逐隊＝バリステ、ラ・ベイヨネーズ、ラ・プールシュヴィアンテ
第三哨戒隊
哨戒艇＝L・エパルジ、ラ・ボノワズラ・アヴレイズ
駆潜艇一号、および四号

潜水艦隊
ヴァンジュール、ルドウタブル、パスカル、アンリー・ポワンカレー、アケロン、レスポワール、フレスネル（以上、航洋潜水艦）
シレーヌ、ナイアド、テティス、ガラテエ、ウーリディス（以上、中型潜水艦）
デアマン（敷設用潜水艦）
オーロール（新鋭中型潜水艦）

カイマン（航洋潜水艦）
水上機母艦＝コマンダン・テスト
スループ＝ダベルヴィユ、ラムペチューズ、ラ・キュリウーズ、シャモワ、イゼール、
　デデニューズ
設網艦＝グラディアテュール
運送艦＝オード、シャムプラン、アメラン、ゴロ（このうち、あとの二隻は航空機付属艦
　として使用）
給油艦＝デュランス、ランス、ラ・アヴレイズ
哨戒艇＝フォーヴェット二世
駆潜艇＝25号
　これだけの大艦隊が、二年間の月日を無為に送って来たのだ（なおこの艦名は十一月二十七
日に自沈したもののみをあげ、脱出したものは省略してある）。
　他方、ドイツは初め英米の大船団をアレキサンドリア向け、あるいはマルタ島向けの普通
の船団と思って軽視していたので、Uボートが北アフリカの沖に集結した時には、はや上陸
作戦は完了したあとだった。
「ドイツ空軍はフランス軍援助のために、ただちに手を貸す」むね、ヒトラーよりの申し入
れがあったので、ヴィシー政府の海軍省は一九四二年十一月十日、この電文を北アフリカの
アルジェにいる海軍総司令官ダルラン大将に打電した。だが彼はイギリス人も嫌いだったが、

ドイツ人はなお嫌いだった。実は彼は、北アフリカにおいて、ひそかにアメリカのクラーク大将と会見したのである。まずこの事を話そう。

少しでも上陸軍の出血を少なくするために、上陸に先立ち、アイゼンハワー将軍は、その片腕、ワーク・M・クラーク大将を送り、ひそかに現地のフランス軍高官と面会させ、「共通の敵はドイツである」むねを認識させたのである。

クラーク大将は十月十九日、イギリス新鋭潜水艦P219でジブラルタルを出港、アルジェの西方九〇キロの地点へ、ゴムボートでこっそりと上陸した。

P219はきわめて性能のよかったS級沿岸用潜水艦の一隻で、急速潜航など三〇秒で可能だったから、このような任務には、うってつけだったろう。またその艦長が謀略工作の深い理解者であったため、のちにセラフと改名されたP219は、このほかにも各地で特殊任務についた。すなわち、八日後にはフランス本国ツーロンの三〇キロ東方より、ドイツ軍に捕虜となっていたフランス陸軍大将ジローを助け出したり、シシリー島上陸作戦に先立っては、ニセの秘密文書を持たせ、空軍将校の軍服を着用させた死体をわざと流してドイツ軍に一杯食わせたり、なかなか芸の細かいところを見せている。なお、セラフは戦後までイギリス海軍に在籍していた。

数日後、P219を降りたヨーロッパ派遣軍アメリカ地上軍参謀長クラーク大将は、十一月十日、アルジェでダルラン大将と会見、ここにフランスと連合軍との休戦条約が成立したのである。

蛇足であるがクラーク大将は昭和二十七年、国連軍司令官として日本へ着任し、さらにこのアルジェ港における会談の際、通訳となった駐ヴィシー政府アメリカ代理大使ロバート・ダニエル・マーフィ氏も日米講和条約締結後、初の駐日大使としてわが国へ赴任したから、我々にとっても満更なじみがないわけでもない。

そこでフランス海軍総司令官ダルラン大将は、翌十一日、地中海の対岸ツーロン港にいる地中海艦隊に対して、絶対命令を発した。

「タダチニ、全艦隊ヲ率イテ、北アフリカノ英・米軍占領ノ港へ急行セヨ。途中、英国艦隊ノ一部ハ、フランス艦隊ヲ護衛スル予定デアル。至急、出港セヨ！」

だが、笛吹けども踊らず……。

フランス艦隊は、ついにボイラーに火を投じなかったのである。チャップリンひげを生やした航洋艦隊司令長官ド・ラボルデ大将は、狂信的な反英主義者であったからだ。彼は米英軍がフランス領北アフリカに上陸したことを知るや、全艦隊を率いてこれを攻撃したいと思ったほどだ。

彼の言い分としては、ダルラン大将の命令はヴィシー政府の裏づけがない以上、いかに上司とはいえ実行することができぬとキッパリ拒絶したのである。

ツーロン港外には機雷が敷設されているとはいえ、思いきって脱出すれば、あえて不可能ではなかったろう。だからイギリス艦隊は待ちぼうけを食わされたのだ。ダルラン大将もだ。

けれども、ダルラン大将が連合軍と休戦条約を結ぶや否や、即日ドイツ陸軍はフランスの自由地帯にまで侵入を開始したし、イタリア海軍も旧式巡洋艦バリ（第一次大戦中のドイツ巡洋艦ピラウの後身）と六隻の駆逐艦、一六隻の輸送船その他を送って、フランス領コルシカ島を二日ののち、占領してしまった。

十一月十八日、ドイツ軍はフランス部隊全部がツーロン地区より撤退することを要求して来た。

終日、フランスの高官は旗艦ストラスブールの甲板に集まって、今後の方針を討議し、ツーロンの郊外にフランス海軍の憲兵と通信隊を送って、ドイツ陸軍が協定に違反して、これ以上、波止場に接近せぬよう警戒させた。設網艦グラディアテュールの艦長は、からになった金属柱を街から海岸への通路にうず高く積み上げさせた。いかにも敷設艦の艦長が考えそうなことだが、この障害物は数日後、ドイツ兵の侵入を数分でもおくらせるのに役立ったのである。

それでも、心の底からイギリス嫌いの航洋司令長官ド・ラボルデ大将は、あえて艦隊に出港命令を下さなかったのである。

焦れったいような数日が続いた。けれどもついに最後の日が来た。時に一九四二年十一月二十七日である。

ドイツ陸軍は停泊中のフランス艦隊が脱走して連合軍側に降伏することを恐れ、機先を制してフランス海軍に暁の奇襲をかけて来たのである！　フランスのヴィシー政府は前日のヒトラーとの会談の結果、艦隊を自沈させることなく、必ず無傷でドイツ軍に引き渡すようツーロン港へ電話したのだが、すでにおそかった。

ドイツ兵とフランス憲兵とが撃ち合いをはじめたのだ。すでに悲劇の幕は切って落とされたのである。戦場に最も近かったのは港内の東部にあった九隻の潜水艦である。暗黒の中に小銃の発射閃光が見えるや否や、用意のよい五隻の潜水艦が逃亡を企てた。早朝、四時三十分のことである。

まず中型のヴェニュスが防材の間をかろうじて抜け出たが、プロペラの一枚が綱線にひっかかって動けなくなり、続いて来た大型のカサビアンカに助けられて、相たずさえて港外に出た。次に先程までヴェニュスの横に停泊していたル・グロリューは、出港準備に手間がかかり、やむなく後退をかけ、あとズサリをしながら波止場を離れた。ドイツ兵はパラパラと駆けつけ、小さくなってゆく航洋潜水艦ル・グロリューに小銃をかまえた。艦長は次々と出港命令を下しながらも、ピストルで応戦した。

ハラハラするような展開だ。これまた防材を乗り越えて消えて行く。

このころにはドイツ機がフランス艦隊の頭上を旋回し、逃げ出そうとあせっていた潜水艦カサビアンカの後方に爆弾を投じ、小さな水柱を立ち上らせる。さらに別の二発がヴェニュスの艦橋を横切って不発弾となり、同艦をひどく揺れ動かした。どれくらいの傷を受けたか知らぬが、艦長は同艦を自沈させようと決心し、この最も早く脱出した勇者は一五秒以内に転覆してしまった。一番北側の埠頭にいた中型潜水艦イリスとル・グロリューは、出港がおそかったためにこっぴどく爆撃され、潜没してからやっと乗組員は一息ついたほどだった。

仏海軍外洋艦隊旗艦、戦艦ストラスブール。自沈翌年に撮影されたもの。

これら四隻が洋上でバラバラになってしまったのは、互いに通信ができぬ状態にあったためと、もはや司令官もなく、艦長個人の創意で目的地を選ぶよりほかなかったからで、かくて脱出した五隻のうち、ヴェニュスが自沈し、グローリューは北アフリカのオランに投錨した。他方、闘志に満ちたカサビアンカは戦闘準備を整えてツーロン沖をしばしパトロールしてから、潜水艦マルスーアンと同様アルジェに入港した。

沿岸防備用の潜水艦イリスは二日後、中立国スペインのバルセロナに入港したが、国際法の規定により武装解除されてしまった。

潜水艦が脱出した午前五時二十分、旗艦ストラスブールには歩哨に立った憲兵から次の電話が入った。

「ドイツ軍すでに協定に違反し、境界線を突破中なり。波止場に向かう！」

ド・ラボルデ大将は、「やったな！」と唇をかみしめた。

こうなっては、もう、ボイラーに火を投じ出港準備などしている暇はない。しかも将兵の一部は市街に上陸さえしている。最後の瞬間に至ってド・ラボルデ大将は、ダルラン大将の命令を実行しなかったことを後悔したに違いない。

戦艦ストラスブールのマストにある信号灯は狂気のように点滅し、命令をくり返した。

「全艦隊、自沈セヨ！　自沈セヨ！」

歴史的瞬間である。だが旗艦は港の一番西端の埠頭にあり（脱出した潜水艦は最東部にあった）、七〇隻近い艦艇が迷路のように入り組んだ水道を経て、遠く北に広がっている広い港内にバラバラに散在しているため、各艦艇は連絡の統一を欠き、その処置に困ってしまった。「自沈セヨ」と言っても、火薬庫に火をつけて爆発させるのか、艦底の栓をあけて浸水沈没させればよいのか、それとも火災を発生させればよいのか？

ストラスブールの左舷に重巡洋艦コルベールが停泊していた。炎上し、傾きかけた同艦の艦尾から乗組員たちが岸辺に降りたころ、ドイツ兵が浜辺に現われた。ストラスブールとコルベールの乗組員は全艦隊中、最も反ナチ的であり、陸上戦の武器を持たぬ彼らがドイツ兵に罵倒の言葉を浴びせた瞬間、突如、戦艦ストラスブールが大爆発を起こし、あたりを地震のように揺れ動かした。コルベールの左舷にあった第一巡洋艦隊旗艦アルゼリーでも乗組員が軍艦旗に最後の敬礼をすまし、ドヤドヤと艦を降りた。

ドイツ連絡将校が走り寄り、第一巡洋艦隊司令官と立ち話をする。

「我々は貴官の艦を捕獲します」

1942年11月27日早朝、フランス南部の軍港ツーロンで自沈する仏軍艦艇。

「もう、おそいです。転覆しますよ」

「仕掛けた爆薬は、今すぐ爆発しますか」

「いや」

「じゃあ、乗ってみましょう。貴官も御一緒にどうぞ」

　この時、かの重巡洋艦から突如、火柱が上ったのである。

　旗艦の艦載水雷艇は、燃える水路を横切り、最も北の泊地に錨を下ろしている軽巡洋艦へ急行した。司令官署名入りの命令文をこの艇が持って回ったのは、ドイツ軍のために電話線が切断されたからだ。

　他方、やや東方にあった水上機母艦コマンダン・テストは、真っ先に逃走して行く五隻の潜水艦を見たので、ただちに戦闘準備を命じ、泊地に飛来した最初のドイツ機に対して高角砲の火蓋を切った。

艦隊の頭上に現われた敵機が、イタリア機でもまたイギリス機でもアメリカ機でもなく、あざやかな黒十字をつけていたのに、フランス将兵はびっくりしてしまった。

機関兵もいない状態であったので、艦長は同艦を自沈させようと決心した。近寄ったドイツ兵は艦長の名前を手帳にひかえながら、「もし自沈させたら、銃殺する」と捨てゼリフを残して走って行った。

重油の流れ出した港内は火炎と黒煙に包まれている。ドイツ戦車隊がキャタピラの音も勇ましく埠頭に侵入した時には、七五隻のフランス艦艇は、ことごとく火災を発生したり、転覆したりしており、あたり一面は黒煙の地獄と化していた。時々、思い出したように爆発音が聞こえる。

戦艦三、巡洋艦五、特型駆逐艦一六、駆逐艦三、潜水艦一五、スループ六、その他一三隻。これだけの大艦隊が瞬時にしてわれとわが生命を断ったのである。

次々と爆発を起こして行く艦艇に対し、将兵たちは涙に濡れた目で最後の敬礼を行なった。水兵たちの唄うフランス国歌、ラ・マルセイエーズが朝もやをついて流れて来る。

「愛国の士よ。いざ立て!
　栄光の日来りぬ……」

かくて、ツーロン港はフランス艦艇の墓地と化したのである。

ドイツ軍が七五隻もの艦艇を手に入れ損じたことは、一大打撃であったが、連合軍にとってもフランス艦艇がダルラン大将の命令通り、北アフリカに投降して来なかった事実は失望であった。

第一次大戦で降伏したシェアー中将のドイツ北海艦隊が一九一九年六月、スカパフローで自沈して以来、かくも大艦隊が同時に自沈し果てたことはまずあるまい。

自沈したとはいえ、損害の少なかったものは引き揚げ後、修理さえ十分に行なえば使用に耐えるものがあった。

三日後の十一月三十日、ドイツはツーロン港の管理をイタリアに委任し、修理可能の艦艇のうち、約三分の二をイタリアに引き渡す協定がなされた。

イタリア海軍に接収されたものを示そう。

艦種	旧フランス艦名	イタリアに入籍後の艦名
軽巡洋艦	*ジャン・ド・ヴィエンヌ	FR11号
〃	*ラ・ガリソニエール	〃12〃
駆逐艦	*リヨン	〃21〃
〃	*パンテレ	〃22〃
〃	ティグール	〃23〃
〃	*ヴァルミイビソン	〃24〃
〃	(旧名フリビュスチュール)	〃35〃
〃	*カスク	〃33〃

駆逐艦	＊ル・フードロイヤンシクロン	FR36号
〃	（二世・旧名ランスクネ）	〃34〃
〃	＊ル・アルデイ	？
〃	＊シロッコ	〃32〃
〃	トロムベ	〃31〃
スループ	＊シャモア	〃53〃
〃	＊ラ・キュリュウーズ	〃55〃
潜水艦	＊アンリー・ポワンカレー	〃118〃

このうち＊印は自沈したが比較的引き揚げの容易なるものを示し、＊のない艦は自沈する暇なくドイツ軍に捕獲されたことを示す。

だがイタリア艦隊自身、重油の不足に悩んでいた時代であったから、修理を必要とするフランス艦艇を入手して、さして有り難くはなかったようだ。

また様式の異なる他国の艦艇に、乗組員を慣らすのにも、かなりの歳月を必要とし、ほとんど使用することもなくイタリアは降伏してしまった。他方ドイツ海軍は比較的小型で自沈しなかった艦を入手し、地中海のドイツ水上艦隊として、よく活用した。

その艦名を次に示そう。

艦種　旧フランス艦名　ドイツに入籍後の艦名

駆逐艦	*ランドムプタブル	SG9号
水雷艇	*バリステ	TA12号
〃	*ラ・バイヨネーズ	〃13〃
スループ	アミラル・セネ	SG16号
〃	エラン	〃19〃
〃	エンセーニュ・バランド	SG17号
〃	マテロー・ルブラン	〃14〃
〃	ラゴー・ド・ラトゥーシュ	〃15〃
掃海艇	グラント	〃26〃

合計八五隻のうち、わずかに一隻のみが浮上したまま枢軸国の手に帰し、ここにフランス海軍の名誉は、どうやら、汚されずにすんだ。

ツーロンはその後、地中海におけるUボートの基地となったので、アメリカ陸軍重爆撃隊が一九四四年の八月六日、大爆撃を敢行、U471、642、952、969号などを撃沈、この猛爆撃の九日後、連合軍はツーロン付近に大挙上陸作戦（「大鎚」作戦）を敢行したが、その際、ドイツ陸軍はなかば沈みかけたフランス戦艦ダンケルクの三三センチ砲塔の一つを利用して応戦したと伝えられる。

14 ドイツ海軍の「虹作戦」

「そのざまは何だ！ レーダー元帥。貴官は解職だ！ デーニッツ大将を代わりにドイツ艦隊司令長官に任命する。もう大型軍艦など皆、屑鉄にしてしまえ！」

憤怒したヒトラーは、机をたたいてどなり散らした。

一九四三年初頭のことである。そして正統派のレーダー元帥に代わって、潜水艦出身のデーニッツ元帥がドイツ艦隊の指揮をとるようになった。

彼は怒るヒトラーをなだめて、大型艦をスクラップ化するのを思いとどまらせたが、損傷していた戦艦グナイゼナウ（三万二〇〇〇トン）はついに屑鉄となってしまった。

では、かくもヒトラーをして激怒せしめ、ドイツ水上艦隊の弱体さを、自ら暴露してしまった原因は何であろうか？ それはほかでもない。このドイツ海軍のいわゆる「虹作戦」の失敗であった。

一九四一年、イギリスから軍需品を満載した輸送船団が、氷の北極海を通って、ソ連北部の諸港に続々と到着していた。彼らの運んだ弾丸で、ソ連兵はドイツ陸軍と戦い、アメリカ製のタンクは、このルートで運ばれて、ソ連の赤い星のマークに塗り変えられていたのだ。もちろんドイツ海軍が黙ってこれを見逃している筈はない。Uボートや空軍が途中で、その何割かを沈めていた。ところが小規模の飛行機や潜水艦による攻撃では、船団中の一部にしか犠牲を強いることができず、残りはそのまま逃げてしまう。そこで一九四二年には、ドイツは戦艦や巡洋艦さえ用いて、この補給路を狙いはじめた。すでにしてこの船団の攻防をめぐり、数回の海戦が展開されていた。

イギリス海軍はアメリカから送られて来る莫大な物資をソ連に送るため、戦艦や新たに登場した補助空母さえ、同水域に出動させていた。

その船団の一つ、JW51Bは、一九四二年十二月二十二日、イギリスのロックイーウ港を出帆した。それは一四隻の商船で、護衛隊は七隻の駆逐艦、一隻の掃海艇、二隻のコルヴェット、二隻の対潜用トローラーの計一二隻よりなり、司令は駆逐艦オンスロー（一五四〇トン）のR・V・シャールブルック大佐である。間接援護としては、先発したバーネット少将の軽巡洋艦シェフィールド（九一〇〇トン）と、新鋭の軽巡洋艦ジャマイカ（八〇〇〇トン）とが、ソ連のコラ湾から途中まで、迎えに来る筈であった。

船は日を追うごとに危険な海面に近づいて行く。最初の六日間は、旧式駆逐艦ブルドッグ（一三六〇トン）が波の圧力で船橋の前面を押しつぶされて基地に戻ったのを除けば、何事もなく過ぎたが、七日目にジャイロコンパスに故障を起こした新鋭駆逐艦オリビ（一五四〇トン）と、トローラーのヴィザルマ、および左翼の商船五隻が、物すごい強風に行方不明となってしまった。

船団のうちレーダーを持っているものは、たった二隻しかなかったので、その一隻、掃海艇ブラムブル（八七五トン）が、はぐれた商船を探しに出かけて行った。

荒天下に消えて行く小さなブラムブル。これが最後の別れとなるとも知らずに……。

（注、船団からはぐれた、四隻の商船と、トローラーのヴィザルマは、のちに船団に合流できたが、どうしても見つからぬ駆逐艦オリビと一商船とは、後日おのおの無事に、コラ湾にたどり着くことができた）

さて十二月三十日、一隻のUボートが、荒天下にイギリス船団を発見したから、待ちかまえていた戦艦ルッツオー（一万四〇〇〇トン）、重巡洋艦アドミラル・ヒッパー（一万四七五〇トン）は、六隻の駆逐艦を率いて、北ノルウェーのアルテン・フィヨルド基地から錨を上げ、後方からイギリス船団を追いかけた。他方六隻の駆逐艦に守られたJW51B船団は、身にせまった危険も知らず、さながら牛の歩むようにノロノロと進んで行く。

ドイツ艦隊の司令官クメッツ中将は、追撃中、艦隊を二つに分け、自ら重巡洋艦と駆逐艦三隻を率いて、北西から敵にせまり、豆戦艦ルッツオー（南米で自沈したシュペーの準姉妹艦である）と駆逐艦三隻は、南から追いかけた。彼は後年司令部から、その艦隊を二分したことに関して、はげしく非難されたが、ヒッパー隊がイギリスの駆逐艦を相手にしているうちに、低速力のルッツオー隊が、商船を全滅させてしまおうという計画であったのである。

一九四二年の最後の日、朝八時三十分、コルヴェットのハイダアバッドは、二隻の見なれぬ駆逐艦に眉をひそめたが、多分船団を迎えに来たソ連駆逐艦であろうと、うかつにも報告しなかった。一〇分後、船団の右舷真横を守っていた新鋭駆逐艦オブデュレート（一五四〇トン）は、先の怪しげな二隻の駆逐艦が、船団の後ろを丁字型に横切っているのを発見、ただちにこれに向かった。

その間に司令シャーブルック大佐は、旗艦たる新鋭駆逐艦オンスローの乗組員に朝食をとらせ、あたらしい下着と替えさせて、万一に備えた。どす黒い雪雲を背景にした二隻の怪駆逐艦は、やがて三隻になり、近づいて来るイギリス駆逐艦オブデュレートに発砲して、自らヒッパー隊のドイツ駆逐艦であることを示した。

オブデュレートは、あわてて逃げ帰ったが、ドイツ駆逐艦はこれを深追いして来ない。

「よし！」

シャーブルック大佐はオンスロー、オーウェル（一五四〇トン）の二隻を率いて、砲火のひらめきに向かった時、南下して来るドイツ重巡洋艦ヒッパーの姿を双眼鏡の中に捕らえて「はっ」とした。旧式駆逐艦のアチャテス（一三五〇トン）は商船の直接護衛として、コルヴェットと共に煙幕を張り、船団をかくそうと必死である。低くたれた雲の中から、時々カムフラージュをした姿を見せるヒッパーは、アチャテスを三〇分近くも撃ち続けた。

今は見えないが、先の三隻のドイツ駆逐艦が、この機会を利用して、再び現われるかも知

ドイツ戦艦ルッツオー。旧名ドイッチュラント、同型艦は３隻である。

れぬと心配した司令は、駆逐艦のオブデュレートとオビディエント（一五四〇トン）の二隻をして、この方向を警戒させた。

　この日の視界は極めて悪かった。というのは、北極に近いこの緯度の高い所では冬の間、太陽は水平線より上に浮かばず、日中でもほんの薄明かりにしか恵まれないからだ。そして朝だというのに、海も空もすべて銀灰色になり、敵艦の姿はぼんやりとかすんでしまうのだ。

　船団の後衛たる二本煙突の旧式駆逐艦アチャテスは白い煙幕を張っていたため、自らの姿をくっきりと黒く浮かび上がらせてしまい、よい目標とされ、ついにヒッパーの二〇・三センチ砲弾が命中し、さらに落下する水柱は近づいて来た。

　この損害から最高一五ノットしか出なくなったアチャテスを救うため、駆逐艦オンスローは、オーウェルを従えて、船団とヒッパーとの間に割り込み、八〇〇〇メートルからドイツ巡洋艦に一〇センチ砲で応戦した。

常識からすれば、ヒッパーがこの二隻のイギリス駆逐艦をたたきのめすことは、さほど困難ではなかったろう。だが、この時ヒッパーは、船団より一人取り残されたタンカー、エムパイア・エメラルド号に気をとられ、その砲火指揮装置が混乱していたのだ。重巡洋艦と二隻の駆逐艦との戦いは三〇分近くも続く。

十時二十分、旗艦オンスローの前甲板すぐ横に、ヒッパーの一斉射撃弾が落下した。一つ、二つ、三つ……八つ。

イギリス駆逐艦は、身を挺して商船を守ろうとする。O級のこれら駆逐艦が、戦時急造の新鋭艦であったことは、イギリス側にとって何よりも幸いであった。

さてアチャテスの煙幕で、船団砲撃を断念したヒッパーが、いよいよ懸命になって、今度は護衛隊を狙いはじめた。けれど駆逐艦のお家芸、魚雷攻撃には、やや距離が遠すぎる。オンスローは近弾ならば敵に近づき、遠弾ならば一層距離を遠ざけるなどして、巧みに命中を防いだ。

だがヒッパーの六回目の一斉射撃は、オンスローの艦橋の両舷に落ち、その弾片は機関室の船体を傷つけた。さらに一発の二〇・三センチ砲弾は、煙突のトップをぶち抜いて、上部を半分にちぎり取り、司令のシャーブルック大佐に重傷を負わせ、もう一発は前部の砲二門を不発にして、火災を発生させた。

すでに一五ノットしか出なくなった旗艦オンスローは、司令の重傷のため、二番艦オビデ

ドイツの重巡洋艦アドミラル・ヒッパー。20.3センチ砲8門を搭載する。

イエントの艦長D・C・キンロック少佐に、全艦隊の指揮をするよう命令した。

ちょうどその時ヒッパーは、はげしい降雪の中に次第に遠ざかり、ついに見えなくなってしまった。新たに旗艦となったオビディエントも、砲尾に氷がかたく張りつめてしまって、思うように砲が操作できなかった時だったから、これにはホッとした。

時に三十一日午前九時三十九分であった。

その代わり不幸はイギリス掃海艇ブラムブルの上に落ちた。前の日に道に迷った商船を探し出そうと、一隻で捜索に行ったまま、消息を断ってしまったあの艇だ。

戦闘を中止して、イギリス船団より離脱したドイツ重巡洋艦アドミラル・ヒッパーは、偶然この掃海艇と遭遇した。ヒッパーは二〇・三センチ砲八門。それにひきかえ、哀れなブラムブルは、わずか一〇・二センチ高角砲二門。速力も半分ほどしかない。とても相手になる代物ではない。大人と子供の戦いだ。掃海艇はまたたく間に、北極海の藻屑と消え果てた。生存者は一名もいない（一説には、ブラムブルを沈めたのはドイツ駆逐艦であるとも言われている）。

最後の力を振りしぼって、ブラムブルの発する「ＳＯＳ」を、船団と共に南方へ退却中のコルヴェット、ハイダアバッドが受信したが、またしても司令に報告するのをおこたった。ハイダアバッドは、先にドイツ駆逐艦を一番先に発見しておきながら、沈黙を守っていた艦である。

ヒッパーを撃退した駆逐隊は、南方に逃れたＪＷ51Ｂ船団の後を追い、先に傷を負った、もとの旗艦オンスローは、商船の先頭に立って、安全な方へと導いて行った。

約一時間にわたる駆逐隊の努力で、重巡洋艦を追っ払った時、一難去ってまた一難、十一時には反対の方向から、ドイツ戦艦ルッツオーが、三隻の駆逐艦を引き連れて行く手に現われた。

再び駆逐艦オビディエントは、オーウェル、オブデュレートの二隻を率いて、船団と敵との間に割り込み煙幕を張った。

彼らの備砲は、砲工場のあるコヴェントリー市が、ドイツ空軍の爆撃でめちゃめちゃにされてしまったので、竣工の際備砲が足りず、仕方なく戦前にスクラップとされた旧式駆逐艦の一〇センチ砲を備えつけたものだ。しかし、さすが伝統を誇るイギリス海軍の将兵の士気は高かった。

ところがこの時、先ほど接触を失った重巡洋艦ヒッパーが、再び駆逐艦三隻を率いて突然現われ、駆逐艦アチャテスにまたも砲火を集中しかけた。右と左とから、ドイツ艦隊に狙われた船団の運命は、もはや決まったかのように見えた。

商船の後部を守るアチャテスは、先頭のオンスローに追いついて、隊を組もうとしたが、次々とヒッパーから命中弾を受けて、艦橋の前部を吹き飛ばされ、艦長は戦死し、機関室をやられて、一〇ノットの速力を出すのがやっとだった。

艦首を次第に海中に突っ込んで行くアチャテスは、それでも二時間近くその位置を守って、煙幕で船団をかくし続け、トローラー、ノーザンジム（六五五総トン）に、つきそわれながら、ついに息たえた。

アチャテスをやっつけたヒッパーは、次にルッツオーと戦っている旗艦オビディエントに照準を合わせて、不活発な砲撃を加えはじめた。

オビディエントは致命的な損害こそ受けなかったが無電機をやられ、麾下の艦隊に命令を下すことができず、代わってオブデュレートのC・E・L・スクレーター少佐が指揮をとった。こうしてイギリス艦隊の旗艦は、損害のため三回も変更されたのである。

しかし、ヒッパーは二年前のノルウェー作戦で、グローウォーム（一三三五トン）のファイトによって示されたイギリス駆逐艦魂を、十分満喫させられたためか、さすがに魚雷攻撃を恐れて近くまで迫って来ず、ただ遠距離から思い出したように砲撃して来るだけだ。けれどあと二〇分もすれば、ＪＷ51Ｂの全滅は必至である。

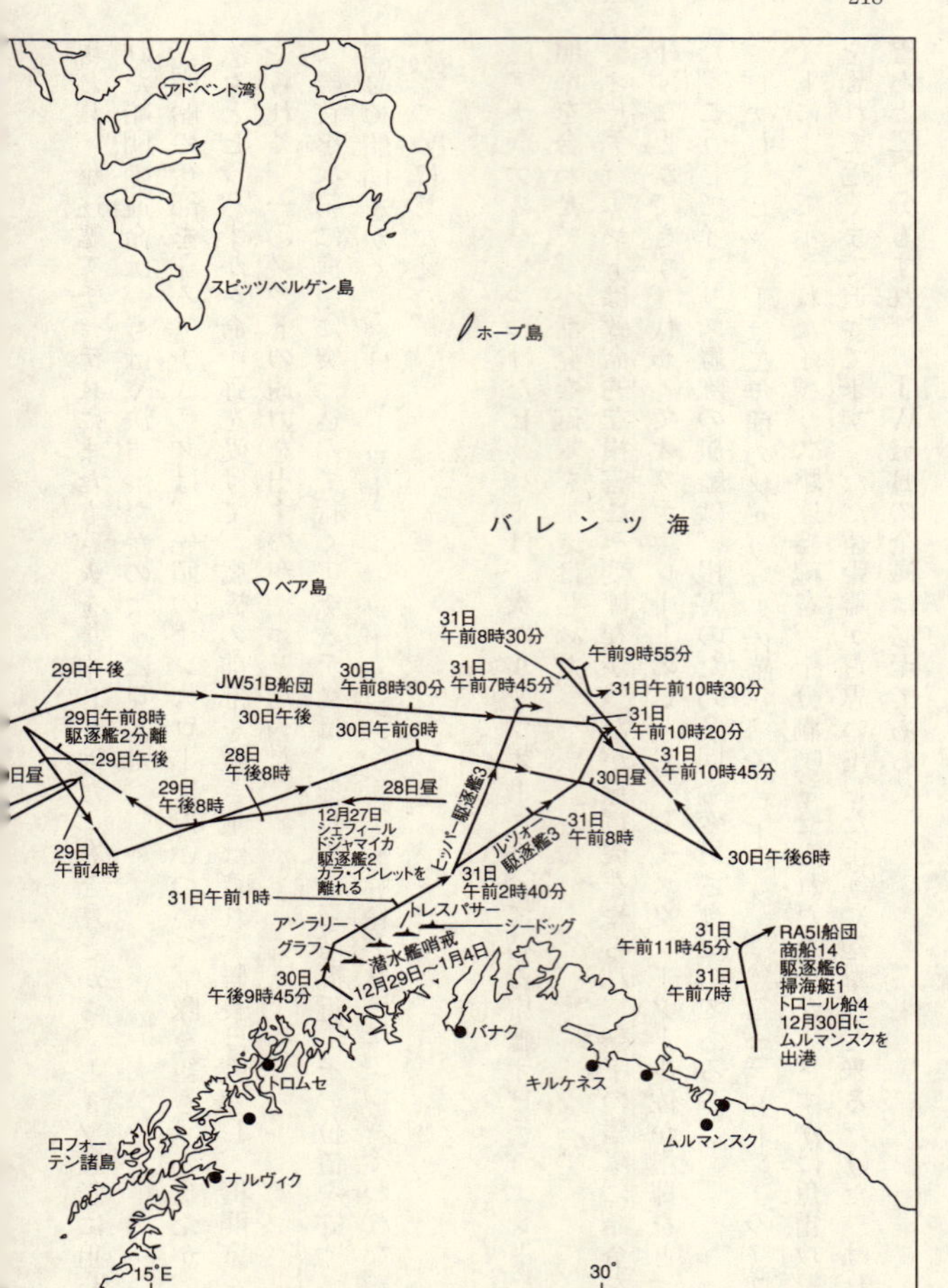
アドベント湾
スピッツベルゲン島
ホープ島
バレンツ海
ベア島
31日
午前8時30分
午前9時55分
31日
午前7時45分
31日午前10時30分
29日午後
JW51B船団
30日
午前8時30分
29日午前8時
駆逐艦2分離
30日午後
31日
午前10時20分
30日午前6時
29日午後
31日
午前10時45分
日昼
28日
午後8時
30日昼
29日
午後8時
28日昼
12月27日
シェフィールド
ジャマイカ
駆逐艦2
カラ・インレットを
離れる
ヒッパー駆逐艦3
ルツォー
駆逐艦3
31日
午前8時
30日午後6時
29日
午前4時
31日
午前2時40分
31日午前1時
トレスパサー
アンラリー
シードッグ
グラフ
潜水艦哨戒
12月29日〜1月4日
30日
午後9時45分
31日
午前11時45分
31日
午前7時
RA51船団
商船14
駆逐艦6
掃海艇1
トロール船4
12月30日に
ムルマンスクを
出港
バナク
トロムセ
キルケネス
ムルマンスク
ロフォー
テン諸島
ナルヴィク
15°E
30°

JW51B、RA51船団行動図
（1942年12月28日〜31日）

JW51B船団
12月22日
商船14
駆逐艦6
コルベット艦2
トロール船2
商船5と
護衛艦2分離
28日昼
28日
午後8時
28日午前
29日
昼
28日午前7時20分〜
午後4時哨戒
アンソン
カムバーランド
駆逐艦3
29日
午後8時
75°
70°N
0°

船団危うし！　だがドイツ重巡洋艦アドミラル・ヒッパーは、十一時三十八分、突然、思いがけぬ背後から、はげしい砲火を浴びせられてびっくりした。

それは船団を迎えに来たバーネット少将の指揮する、軽巡洋艦シェフィールドとジャマイカで、二時間前に駆逐隊よりの緊急無電を受信し、三一ノットの全速力で現場に急行したのだが、なかなか位置がつかめず、やっとレーダーで捕らえたものは、船団からはぐれた一商船だったりして思わぬ道草を食い、気をヤキモキさせていたところ、はるか南方に砲火の閃

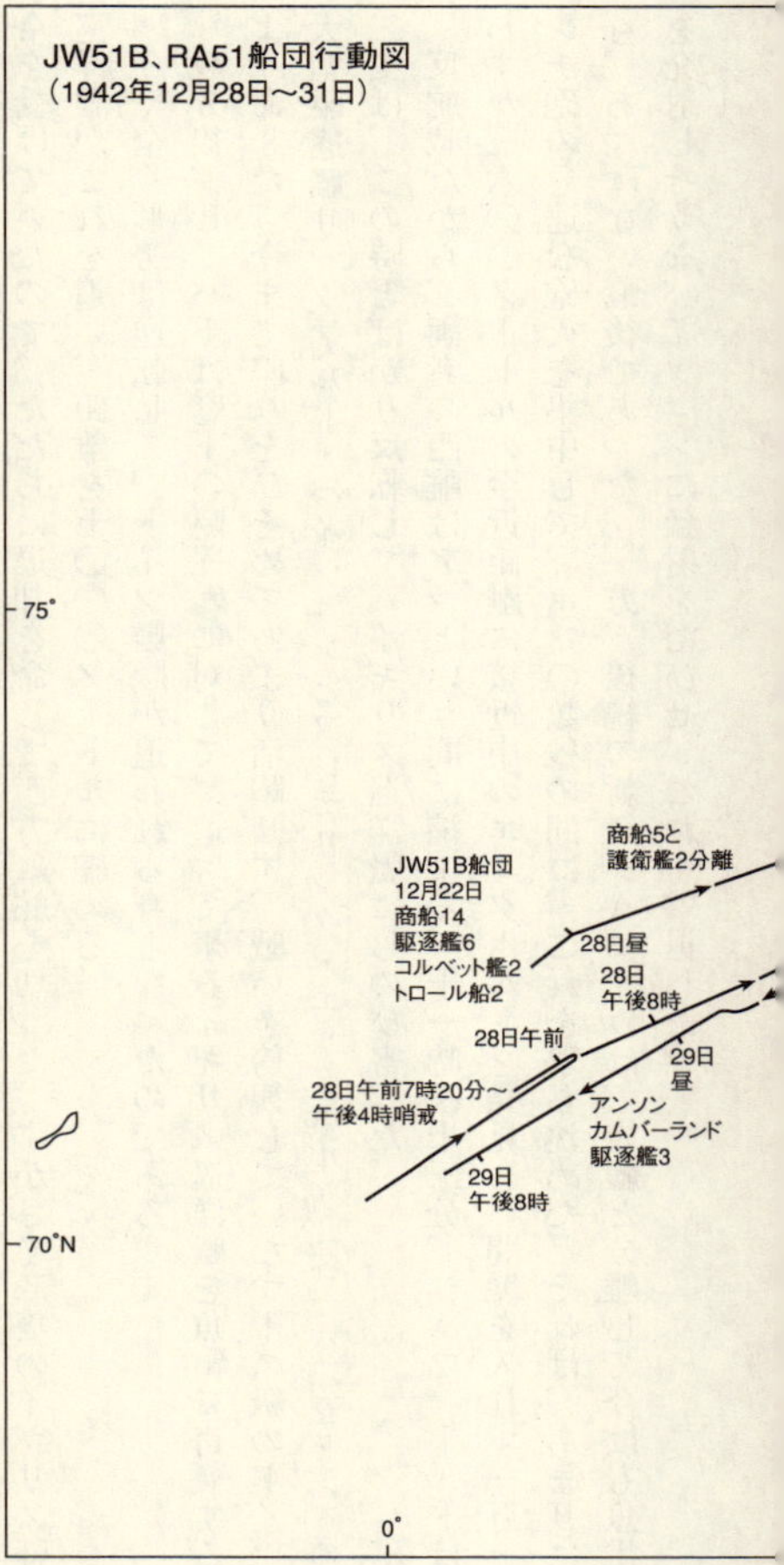

光を認め、駆けつけてみると、船団は危機一髪の状態であったというわけだ。
バーネット少将もびっくりしたが、もっと肝をつぶしたのはヒッパーだ。
シェフィールドの一斉射撃を四回も浴びてから初めて応戦したほどだ。一万一〇〇〇メートルよりの一五センチ砲弾一発はドイツ重巡洋艦に命中して、その最高速力を二八ノットに低下させた。

クメッツ中将は艦隊司令部から「決して同兵力以上の敵と戦ってはならぬ」という至上命令を受けていたので、ただちに退却を命じて西方に舵を切った。すかさず二隻のイギリス軽巡洋艦がこれを追い、距離を七〇〇〇メートルに縮める。

今や全く形勢は逆転して、ドイツ艦隊が追われる身となったのである。

数分後、ヒッパーは麾下の駆逐艦に対して、追って来るイギリス巡洋艦を魚雷で奇襲するよう命じた。今まで鳴りをひそめてあまり活躍せず、戦いを傍観していたマース級のドイツ大型駆逐艦リックアルド・バイツェンとフレデリック・エックホルト（各一六二五トン）の二隻は、この時とばかり反転して、イギリス巡洋艦にしのび寄った。

反航戦だから、両者の距離はアッという間に縮まる。十一時四十三分、シェフィールドは、わずか三六〇〇メートルの至近距離に接近中のエックホルトを発見し、間髪を入れず一五センチ砲の急速な砲火を集中して、ホンの数秒の間に、これを撃ち沈めた。それは、あまりにも、あっけない最後であった。一方、後続の新鋭ジャマイカは、旗艦と分離して今にも魚雷を発射しそうなバイツェンに猛射を浴びせ、これを撃退した。

危険を感じたバイツェンは僚艦エックホルトの乗組員を救助する暇もなく、逃げ出したのだ。ヒッパー隊にはもう一隻の駆逐艦があった筈であるが、なぜかこの戦いに加わらなかった。だが、この数分前からついに戦艦ルッツオーは、一万四〇〇〇メートルより船団をドイツ海軍お得意の二八センチ砲で撃ちはじめた。このためパナマの貨物船カローブルが、パッと火災を発生する。

ヒッパーのあとを追って、船団の北側に出たルッツオーは、オビディエント、オーウェル、オブデュレートの三駆逐艦が船団に煙幕を張ったのを見て、すぐ「砲撃中止！」のブザーを鳴らした。

ホッとする間もなく、またもや重巡洋艦ヒッパーが現われる。しかし、もはや戦意を失ったクメッツ中将は、三隻のイギリス駆逐艦が自分に突進して来るのを認めるや、「全軍総退去！」をもう一度、くり返した。

十二時半ごろ、ほんの短い間ではあったが、ドイツの戦艦、重巡洋艦各一隻と二隻のイギリス軽巡洋艦との間に主力同士の砲撃戦が行なわれた。しかし、それはごく消極的なもので、両軍ともに損害はなく、これをもってドイツ海軍の「虹作戦」はピリオドを打ったのである。

西方に逃げるドイツ艦隊を、バーネット少将の軽巡洋艦二隻が、一時間半も追撃したけれど、午後二時ごろとうとうこれを見失ってしまった。すでにして船団を守るべき無傷の駆逐艦は一隻しか残っておらず、しかも近くにドイツ軽巡洋艦ニュールンベルヒ（六〇〇〇トン）がいるものと推定されたので、バーネット少将はあとに心を残しつつ、追撃を中止したのである。

この戦いは元来、ドイツ側の勝利を以て終わるべき性質のものであった。たとえリリーフとして新手のイギリス軽巡洋艦二隻が現われようと、ルッツオーとヒッパーとが力を合わせれば、むしろイギリス艦隊を撃滅するよいチャンスとなり得たであろう。だがドイツ艦隊司令長官クメッツ中将は、戦況を知らぬ司令部よりの命令に、あまり束縛されすぎて、自己の自由な判断で処理することができず、各艦長も思うように活躍し得なかったばかりでなく、全く戦意を欠いていた。

特に戦艦ルッツオーはこの戦いのあと、大西洋の通商破壊に出かける予定だったから、こんな小競り合いで怪我をしては、つまらぬと思ったのか、全く積極性を欠いていた。「虹作戦」中、彼女の戦果といったら、貨物船一隻に、わずかな損害を与えたことが唯一の功名である。だからヒッパーが、一隻で苦労しなければならなかったのだ。

また、ドイツ駆逐隊もほとんど海戦を傍観しているばかりで、何ら手を貸そうとはしなかった。第一次大戦中のドイツ駆逐艦は、もっともっと、勇敢だったのに……。

この戦いは、だが勇気の不足ではなく、むしろ訓練の不足の結果であると言えよう。ドイツ海軍は長い間、基地にかくれて海戦を避けており、たまに出撃しても商船相手の弱い者いじめばかりしていたから、すっかり腕が鈍ってしまったのだ。

二年前、巡洋艦フッド（四万二一〇〇トン）を一撃の下に轟沈させた戦艦ビスマルク（四万一七〇〇トン）のようなファインプレイはとても見られない。

船団JW51Bは数日後、ソ連のコラ湾に入港した。

イギリス側の沈没は駆逐艦、掃海艇各一隻に対して、ドイツ側は駆逐艦一隻を失ったのみであるが、あれだけの優勢な兵力にもかかわらず、一隻の商船をも沈め得なかったのは、イギリス駆逐隊の必死の防戦もさることながら、まさに訓練の不足と言わねばなるまい。天候はむしろ大型のドイツ艦隊に幸いしたのだから……。

ヒトラーがヒステリーを起こしたのも、あながち無理ではあるまい。

15　ビスケー湾の海戦

ドイツは第二次大戦中、戦争遂行上必要な食用油、脂肪、生ゴム、鉱石などを東洋方面からの輸入にまたなければならなかった。

戦争の初期、仏印で採れる生ゴムは日本船によって満州の大連に運ばれ、そこからシベリア鉄道を経由してソ連領土を通過、ドイツへ運ばれたのであるが、ドイツがソ連と戦争をはじめてから、このルートも使用できなくなった。

いきおい、海上輸送に頼るよりほか仕方がない。そこでドイツは片道三～四ヵ月の大航海を貨物船によって強行せざるを得なかったのである。

もちろん途中にはイギリス巡洋艦の警戒網が敷かれているから、この航海は危険極まりないものであった。彼らは敵艦に発見された場合の被害を考慮して、大抵、一隻で行動した。

海軍給油艦エルムランド（八〇五三トン）が一九四一年（昭和十六年）四月三日、日本より貴重な物資を満載して、はるばるヨーロッパに到着してより、十数隻の封鎖破り船がこのスリルに満ちた長期の航海に出帆、その何隻かが犠牲となったけれど、重要な戦略物資の輸入を止めるわけにはいかなかった。

そして一九四一年末より、イギリス空軍は大西洋に長距離出撃し、東洋から帰って来る封鎖破り船を、その旅程の最後の地点(北フランスのビスケー湾)で撃沈するよう命令を受けていたのである。また一九四三年末になると、ビスケー湾の警戒は一層の厳重さを加え、米軍が北アフリカに上陸したためドイツ船の犠牲は加速度的に上昇して来たのである。

当時、イギリスに基地を置くアメリカ陸軍大型爆撃機隊は、ドイツ海軍がフランス西方の諸港に駆逐艦を集結させつつあることを報じ、何らかの異変に気づいていたが、一九四三年(昭和十八年)十二月十八日、ドイツの封鎖破り船ピエトロ・オルセオロを英空軍のウェリントン・ハリファックス重爆撃機が発見し、ドイツ駆逐艦の対空砲火を浴びながらも、魚雷一発を命中させるという戦果を上げた。

同船はすでに米潜水艦シャッドに魚雷一発を命中させられていたのであるが、不死鳥のごときねばり強さを発揮してフランスのボルドーに入港することができたのである。これらの事実は米護送空母カードの偵察機により判明されたものであった。

次に、ドイツ海軍は数日後、もう一隻の封鎖破りの船アルステルフェル(二七〇〇総トン)こそ、無傷のまま入港させようと必死だった。そして、第八駆逐隊司令エルドメンゲル大佐指揮の下に、次の新鋭駆逐艦一一隻を、ただ一隻の貨物船の護送のため、西フランスの港より、出迎えさせたのである。

大型駆逐艦Z23（二六〇三トン）
〃　24（〃）
〃　27（二五四三トン）
〃　32（二六〇三トン）
〃　37（〃）
計五隻
水雷艇T22～27（各一三〇〇トン）
計六隻

このものものしい護衛の数を見ても、当時ドイツがいかに戦略物資の不足に悩んでいたかがうかがえよう。

彼らは一九四三年十二月二十六日、フランスのブレストやボルドーから出港、二列縦隊となって、翌日には、ビスケー湾の外方に出た。

「まだアルステルフェル号は見えぬか？」

エルドメンゲル大佐は焦燥にかられながらも双眼鏡を手にし、この一一隻を西進させた。見えるはずはない。彼の会いたがっているドイツ商船は、すでに海の藻屑と消えていたのである。

すなわち、昭和十八年も押しつまった十二月二十七日、英空軍のサンダーランド飛行艇が

イギリス軽巡洋艦グラスゴー。15.2センチ砲12門を搭載、最大32ノット。

スペイン西北端のフィニステル岬の北北西五〇〇浬に、哀れなアルステルフェル号を発見して火災を生ぜしめ、あまつさえ、チェコスロヴァキア人の操縦するリベレーターB24重爆撃機のロケット攻撃さえ受けて、乗組員は「総員退去！」のやむなきに至ったのであった。同船は、十月に日本を出港し、目的地まであと一歩という所で、惜しくも挫折してしまったのである。

この損害を知らぬドイツ駆逐隊は、今はなきアルステルフェル号を捜して大西洋を西進していたから、今度は、危機は彼ら自身の頭上にふりかかって来たのだ。

すなわち、翌朝リベレーター四発爆撃機はドイツ駆逐艦四隻と、水雷艇四隻（駆逐艦一隻と、水雷艇二隻を見逃している）を発見、ただちのその位置を打電した。先のドイツ封鎖破り船迎撃のため、イギリス海軍は、エンタープライズ（七五五〇トン）、グラスゴー（九一〇〇トン）の二隻の軽巡洋艦をスペイン北西方に配置していた。

グラスゴーは、同年五月にも、帰航中のドイツ封鎖

イギリス軽巡洋艦エンタープライズ。15.2センチ砲７門、最大33ノット。

破り船レゲンスブルグをグリーンランドの南東にて、阻止、自沈せしめたことがあった。

他方、米空母と同じ名のエンタープライズは、一年前の四月、極東艦隊に在った。同艦は「加賀」「蒼龍」「翔鶴」らのため、インド洋において沈められた重巡洋艦コーンウォール、ドーセットシャーの生存者救助にあたった艦として知られている。

十二月二十七日、バラバラに散開していたこの二隻の軽巡洋艦は、「フィニステル岬の北西三〇〇浬にて合流し、ドイツ駆逐隊の退路を断つべし！」と下命された。

十二月二十八日の早朝、予定どおり合流したこの二隻は、ドイツ駆逐隊とフランス基地との間に割り込み、ここにおいてドイツ駆逐隊は、もはや退却することも前進することもできなくなってしまった。

このようにしてビスケー湾の巡洋艦対駆逐艦の戦いの幕は切って落とされたのである。

スペインのイベリア半島と北フランスのブルターニ

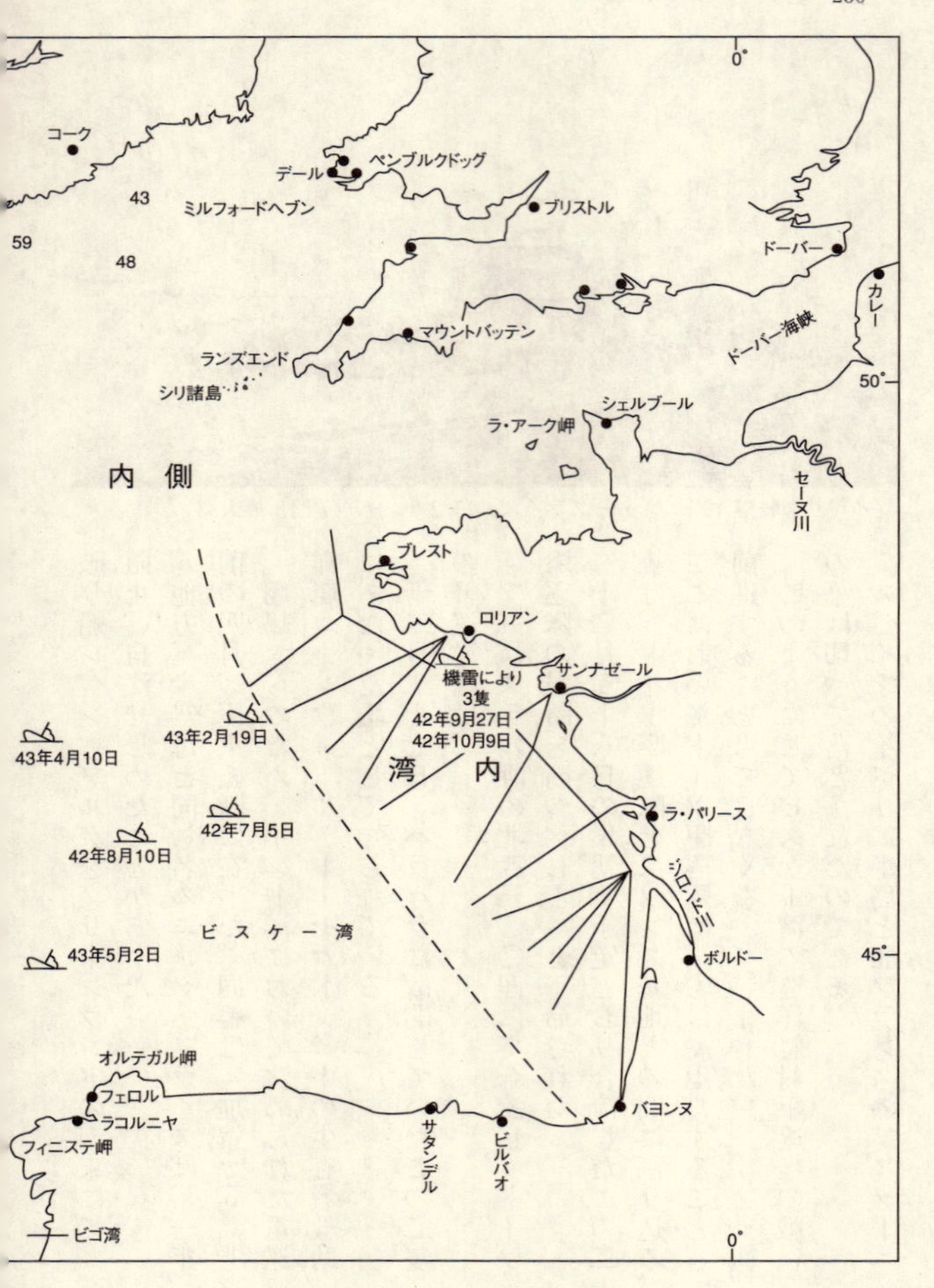
0°
コーク
ペンブルクドッグ
デール
43
ミルフォードヘブン
ブリストル
59
48
ドーバー
カレー
マウントバッテン
ドーバー海峡
ランズエンド
シリ諸島
50°
シェルブール
ラ・アーク岬
内側
セーヌ川
ブレスト
ロリアン
サンナゼール
機雷により
3隻
42年9月27日
42年10月9日
43年2月19日
43年4月10日
湾内
42年7月5日
ラ・パリース
42年8月10日
ジロンド川
ビスケー湾
45°
43年5月2日
ボルドー
オルテガル岬
フェロル
バヨンヌ
ラコルニヤ
フィニステ岬
サタンデル
ビルバオ
ビゴ湾
0°

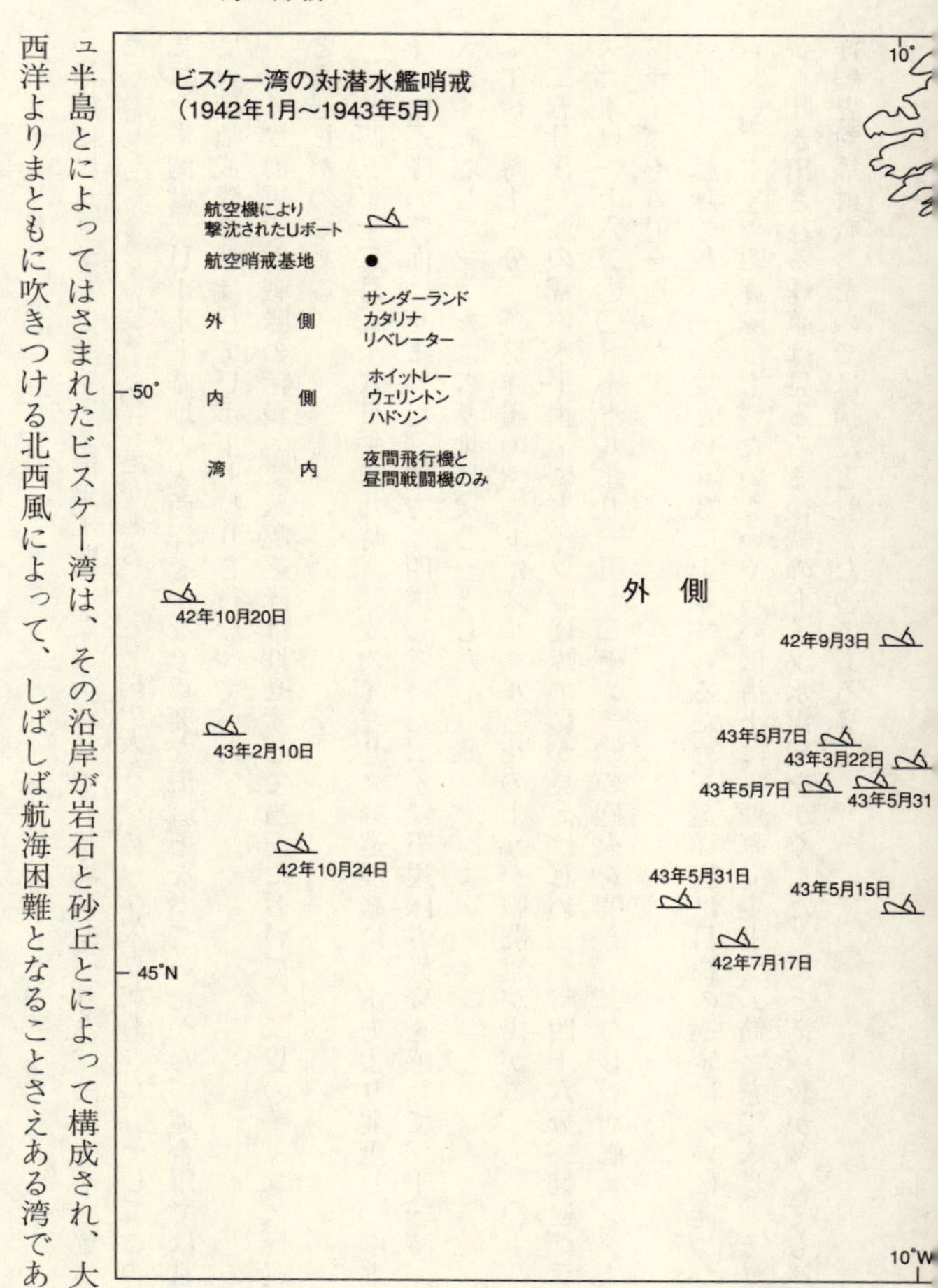

ュ半島とによってはさまれたビスケー湾は、その沿岸が岩石と砂丘とによって構成され、大西洋よりまともに吹きつける北西風によって、しばしば航海困難となることさえある湾であ

った。

沿岸にはロリアン（フランス海軍工廠、ドイツのUボート基地などで有名）、ボルドー（貿易港）、ロシュフォールなどの諸港があるが、潮差が大きいという欠点があった。そしてこのビスケー湾は、Uボート基地と大西洋をつなぐ重要な海域となっていたから、連合軍では常に大型哨戒機を飛ばしてUボート狩りを行なっていた。

ドイツ海軍水雷戦隊の精鋭、第八駆逐隊は期せずして当湾において、二隻のイギリス軽巡と遭遇したのである。

一九四三年十二月二十八日午前九時、二隻のイギリス軽巡洋艦は、南方より北上しつつドイツ駆逐隊の背面にせまった。他方、西進していたドイツ駆逐隊も異変を感じて、十一時、大きく転舵してフランスの基地に戻ろうとした。

午後一時十三分、英巡洋艦のマストにスルスルと花のような戦闘旗が揚がる。

二五分後、波の荒い水平線上にドイツ駆逐隊の影が見えはじめ、一時四十六分、軽巡グラスゴーは一万六二〇〇メートルより一五・二センチ砲の砲火を開き、二分後、旗艦エンタープライズも斉射を送った。

ドイツ艦隊の数が一一隻という数に上っているため、巡洋艦は目標の選定に大いに迷ったらしい。ドイツ駆逐隊はもったいないくらいに海上に「煙幕発生ドラム筒」を投入し、それから吐き出される煙幕は見るみる後続のドイツ水雷艇をかくした。たとえ、数が多くても巡洋艦と対等に戦ったのでは損だと覚ったのであろう。

注目すべきは、Z級のドイツ駆逐艦は俗にナルヴィク型と呼ばれる新鋭大型艦であったことだ。ドイツ海軍が秘密にしていたクラスで、初めノルウェーのナルヴィク港に停泊していたのを発見されたので、艦名不明のまま、この名を付されたものである。

外観こそ戦前完工のアントン・シュミット級と大差ないが、軽巡洋艦並みの一五センチ砲五門を有し（Z23、24、27は四門）、機雷六〇個搭載可能の重武装艦であり、英駆逐艦よりも、すぐれた砲撃力を有していた。またTクラスの水雷艇も艦種こそ水雷艇だが、一三〇〇トンもある一種の駆逐艦で、一〇・五センチ砲四門を有し、バルチック海にあるその造船所の地名より、俗にエルビング級と呼ばれる新鋭艦で、著しい舷弧に特徴があったものだ。

この級は元来、波の荒いビスケー湾での作戦を考慮して、船体の反りが大きいという特徴を持たせたと伝えられるが、この日の海戦では、凌波性に悩んだようだ。

両軍の砲の数を比較すると次のようになる。

口　径	イギリス	ドイツ
一五・二センチ砲	一九門	
一五・〇センチ砲		二二門
一〇・五センチ砲	一三門	二四門
一〇・三センチ高角砲		
計	三二門	四六門
発射管	二二門	七六門

速力に関してはイギリスのグラスゴーが三二ノット、エンタープライズが三三ノットであるのに対して、ドイツ水雷艇が三三・五ノット、駆逐艦が三八〜三八・五ノットというものであった。従って表面上の砲撃力と速力に関しては、明らかにドイツ側に有利の傾向が見える。しかし実戦においては、ドイツ海軍は著しい苦戦に陥った。それは計算の上に表われぬ凌波性の問題である。

この日、ビスケー湾は荒天で、小型のドイツ艦隊は波にもてあそばれて動揺がはげしく、砲撃に支障を来したのみならず、波の山に艦首を突っ込んで、思うように速力が出せぬという難局に遭遇したのである。

天候、気候が海戦に重大なる影響を及ぼすことは、大正二年のコロネル海戦において立証ずみだが、フォン・シュペー中将の末裔は、この逆をとられたのだ。

ドイツ、イギリス両艦隊は南東へ向かいつつ、同航戦に入った。

しかし、ビスケー湾の海戦を両軍の航空機が手をこまねいて、傍観していようはずはなかった。イギリス基地からは四機のハリファックス機、サンダーランド機、アメリカのPB4Y一五機などの大型機が、ブリストル・ボーファイター、モスキートなど双発戦闘機に守られて、ドイツ駆逐隊を追えば、ドイツ空軍も双発のユンカースJu88双発爆撃機約一二機、フォッケ・ウルフFw200四発爆撃機を離陸させて英巡洋艦を攻撃し、艦隊の頭上では空中戦が行なわれたのである。

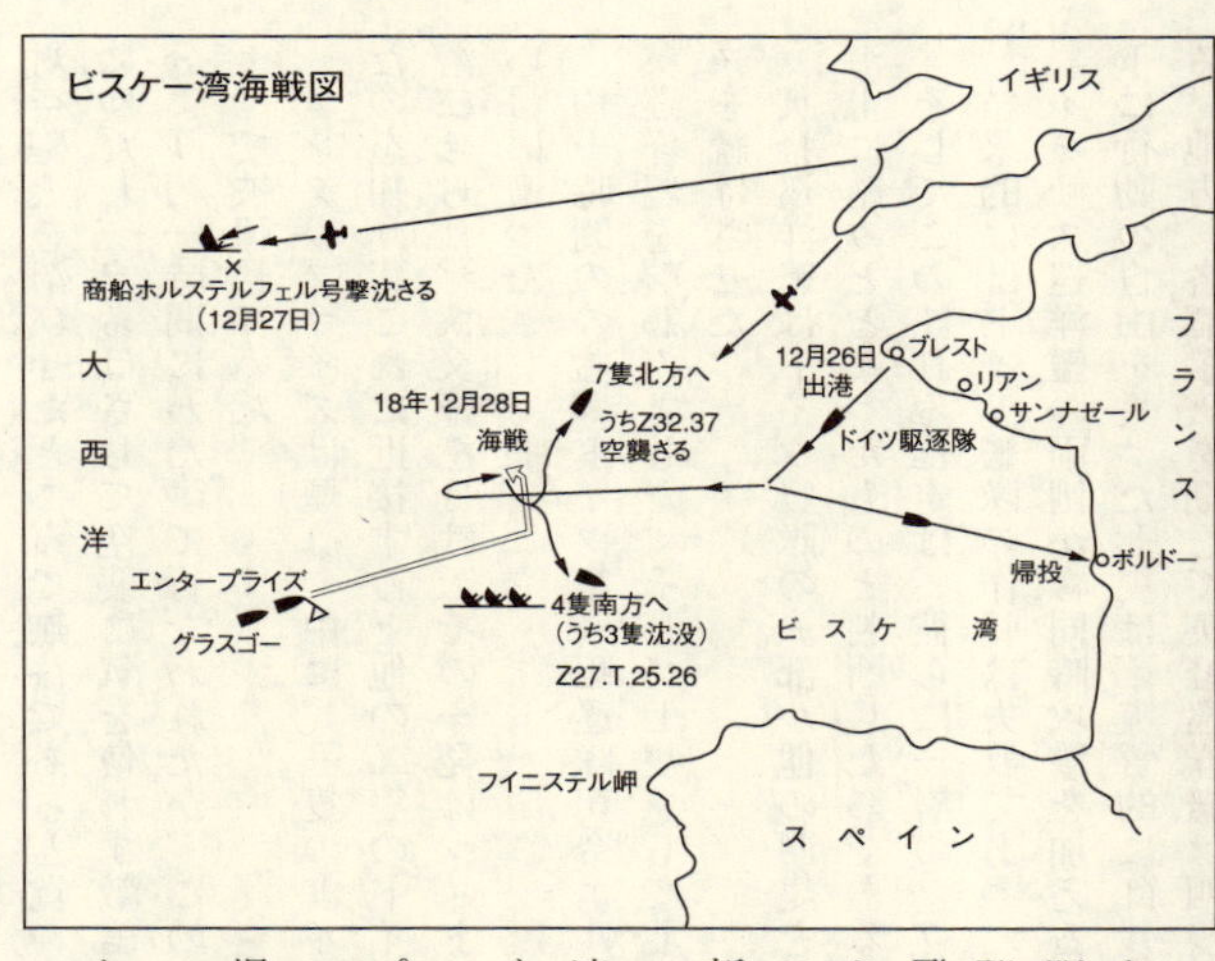

英艦隊の先頭に立つグラスゴーは海戦中、ドイツ爆撃機よりのグライダー爆弾二発を近距離に受けた。このグライダー爆弾とは、爆弾に翼を付け、白煙を吐きつつ、ロケットで飛ぶもので、親飛行機によってコントロールされ、同年秋、イタリアのサレルノに連合軍が上陸した時、ドイツ空軍が初めて使用した新兵器だ。それはイタリアの新戦艦ローマを一撃で沈めるほどの威力を持っていたから、連合軍はこれに恐怖の念さえ抱いていたのである。

二分後、ドイツ駆逐隊は、敵旗艦エンタープライズに一発を命中させたが、その直後、この英艦は左舷後方三六〇メートルに巨大な爆発を認めて愕然とした。グライダー爆弾が糸をひくようにして落下して来たのだ。しかし、二隻の英軽巡はロケットで矢のように突進して来るグライダーに、対空砲火を浴びせたところで無益であると覚っていたから、敵親飛行機の攻撃を味方戦闘機にゆだね、自らはさして空襲に気を使わず敵艦の追跡に専心した。海戦は、午後一時四十六分より約一時間にわたって行なわれたが、この間、ドイツ駆逐隊の何隻かも一五センチ砲によって被弾していた。

エンタープライズは煙幕の中に、一隻のドイツ駆逐艦が機関をやられて洋上に取り残されたのを知り、これに近接すると他の二隻のドイツ駆逐艦から正確な砲火を数分間にわたって浴びせられ、挟叉弾を受け、その一発はマストの上のアンテナを断ち切るというほど、危ない目に遭った。

約一時間ののち、ドイツ第八駆逐隊司令エルドメンゲル大佐は艦隊を二分して両側より、英巡洋艦を襲わんとした。そして七隻をして北方へ離脱せしめ、他の四隻はそのままのコースを続けさせた。

英軽巡洋艦はドイツ艦隊の一部が他の四隻を見捨てて退却、残りが自らを犠牲にしてこの海上に踏みとどまったものと判断したのである。

そしてこの誤れる推定は、彼らに一層のファイトと自信とを与えた。

結果的にはドイツ艦隊の作戦は失敗であった。

「イギリス巡洋艦の両側から同時攻撃を加える」という戦術も、連絡がうまくとれず、荒天下に行動の自由を失った七隻は、実質的には残った四隻を見殺しにする始末となったのである。他方、各個撃破を期して英軽巡洋艦は四隻のドイツ艦隊を狙った。

ドイツの駆逐艦Ｚ27。15センチ砲４門、53.3センチ魚雷発射管８門装備。

そのうち一隻はすでに大破しており、一隻は機関を停止していたので、高速のエンタープライズは三番艦を、グラスゴーが四番艦を撃った。こうなれば、元来、軽巡が苦手な駆逐艦にとって、とても勝ち目がない。

そして十二月二十八日の午後おそくなってから、この四隻のうち、三隻が撃沈されてしまった。それは駆逐艦Ｚ27、水雷艇25、26であり、他の一隻は、かろうじて南方へ逃れることができた。末期に至っては、もはや海戦という名に値しない。凄惨な「なぶり殺し」であった。

逃げおくれた三隻は、はや、エンジンが止まり、傾いて火災と戦っている最中に、軽巡洋艦の一五センチ砲で片っ端から狙い撃ちされたのである。グラスゴーとエンタープライズは、さらに脱走した残りの一隻に追い撃ちをかけようとしたが、弾薬の残りが少なくなったことと、すでに夕刻に入り、敵の姿の識別が困難という二つの理由から、追跡を断念、まだただよっている煙幕をかき分けつつ、英本土南西岸の基地に向かった。

他方、北方に逃れた七隻のドイツ艦艇の中、最も大型のZ32、37の二隻はグループと分離していたので、英空軍の重爆撃機や双発戦闘機に発見され、この夜、波状的な空襲を受けた。この二隻は合計八門の三七ミリ機関砲、二八門の二〇ミリ機銃を撃ち上げて、必死に抵抗したので、船体は機銃弾によってハチの巣のように穴だらけになっていたにもかかわらず、挟叉爆弾を受けたのみで、基地に帰投することができたのである。

多くの航空機を使用したにもかかわらず、たった三隻のドイツ艦艇しか撃沈できなかったのは、これら沿岸警備の空軍機が、低速でかつ対空砲火の乏しいUボートしか爆撃した経験がなかったためだ。

しかしドイツ側は駆逐艦五隻、大型水雷艇六隻のうち、駆逐艦一隻、水雷艇二隻を失い、他の艦もほとんど損傷したのに対し、イギリス側ではエンタープライズがかすり傷を受けたにとどまったのである。

航空機の損害は両軍とも不明だ。そしてドイツ海軍が夢見ていた宝船アルステルフェル号も沈んでいたのだ。

「本海戦における、わが方損害は駆逐艦Z27のみ」

とゲッペルス宣伝大臣は、二隻の水雷艇の沈没について、口を閉ざしたのである。そして第八駆逐隊司令エルドメンゲル大佐も帰らぬ人となった。

実はこの二日前、ドイツ海軍は北極海において戦艦シャルンホルストを失っており、一九四三年末はドイツ海軍にとって不吉な月となったのであるが、戦艦ビスマルクやシャルンホルスト喪失の場合よりも、ビスケー湾の海戦はドイツ海軍に大きなショックを与えた。

損害は、たかが駆逐艦や水雷艇二隻であるのになぜであろうか？

一一隻もの駆逐艦や水雷艇が、たった二隻の敵軽巡洋艦に対して一発の魚雷をも命中できなかった点が、その問題点である。要するに「勇気」の不足ではなく、技術的な「訓練」が不十分だったのである。

ドイツ海軍はこの点、猛烈な反省に迫られたのだ。開戦以来、ドイツ水上艦隊は商船相手の通商破壊戦に専念し、またノルウェーの基地にとじ込もって、たまに低速の船団を攻撃しても、英護衛艦が反撃すれば海戦を避けて、退却するという予定の行動をくり返すばかりであったから、第一次大戦中「カイゼルの海軍」が示したような優れた水雷戦術や砲撃力を見せることができなくなってしまったのだ。そして、この二年間に海戦らしい海戦を経験しない間に、フッドを一撃のもとに撃沈したような腕前は鈍り、さらに消極的な気持ちが水上艦艇乗組員の間に蔓延してしまったのであろう。

16　二つの白兵海戦

T. Roscoe著"U.S. Destroyer Operation in World War II"の付表によると、「駆逐艦ボリー一九四三年十一月一日、敵潜水艦と激突して沈没」とある。
この戦いは駆逐艦対潜水艦の一対一の決闘で両方とも沈没してしまったというだけでなく、至近距離に肉薄した白兵戦であるので考察に値しよう。


第一次大戦型のアメリカ旧式駆逐艦ボリー（一一九三トン）は、護送空母カード（七八〇〇トン）よりの命令を受けて速力を上げた。そしてドイツ潜水艦U91（五一七トン）を捕捉するため、真夜中の大西洋をただ一隻、対潜掃討に分派させたのである。

艦首に砕ける波の白さが、あたりの暗黒とよいコントラストをなす。

荒天下にレーダーで浮上潜水艦を捕捉したボリーは三回は攻撃を加える。これはボリーが予想した獲物U91ではなく、実はU256で、あわてて潜没したが、水中で爆発を起こし、傷を負ってフランスのブレスト基地へほうほうの態で逃げ帰った。けれども数時間後、四本煙突のボリーは再び七〇〇〇メートルのかなたにレーダーで別の目標を発見した。

それは突進して来るアメリカ駆逐艦に気がついて、あわてて水面下に姿をくらました。潜没した敵に対してはレーダーこそ効かないが、一定の距離に近づけばソナーが使える。旧式艦ではあるが、当時の日本の新鋭駆逐艦などよりすぐれた対潜兵器を備えていたボリーは、一九〇〇メートルより、ソナーでこれを捕らえた。

耳をつんざくような水中音と共に爆雷攻撃が開始される。けれども、この敵もボリーの期待したU91ではなく、同型の中型潜水艦U405（五一七トン）であった。

なぜ、ボリーはU91に、こだわっていたのだろうか？

第二次大戦の中期、アメリカ海軍は商船の船体を改造した護送空母を続々と完成させていた。このうち、大西洋で最初に対潜作戦を開始したのはボーグ（七八〇〇トン）であり、一九四三年（昭和十八年）二月のことであった。当時はUボートの黄金時代で、約二二〇隻が作戦中であり、訓練中のものを含めると、約四〇〇隻にも達した。

続いてコール、ブロック・アイランド、サンティー、クロアタンなどが次々と就役し、大西洋の船団護衛の任についたり、Uボートの出没する海面に網を張って待機し、現われるUボートを追い払ったりしていた。

陸上基地より発進する長距離哨戒機の行動圏外は、どうしても護送空母の搭載機を利用するよりほかなかったのである。

一九四三年夏ごろから、連合軍の護衛法が発達したため、商船の被害は目に見えて減少して行った。

この対潜掃討隊は、一隻の護送空母を中心として第一次大戦型の水平甲板型駆逐艦数隻をもって構成されていた。

新型駆逐艦は太平洋戦線に投入されたり、艦隊作戦に使用されたりしていたためで、これらの旧式駆逐艦はのちに、新しく登場する護送駆逐艦にとって代わられるのである。

その一つ、第二十一機動部隊の十四部隊は次の艦艇より編成されていた。

護送用空母カード(七八〇〇トン)(旗艦)
旧式駆逐艦ゴッフ(一一九三トン)
〃　バリー(〃)
〃　ボリー(〃)

より成っており、中部大西洋のど真ん中、フロレス島の北部八〇〇キロへUボート狩りに出かけたのである。

ドイツ海軍はUボートの作戦期間を増大さすため、一部の潜水艦を燃料補給用に改造し、作戦中のUボートがわざわざ重油の補給のために基地に引き返す必要がないようにしていた。

この補給地点をようやくかぎつけたアメリカ海軍は、洋上で連絡中のUボートを攻撃しよ

う と、先の部隊を派遣したのである。

カードの搭載機がまずUボートをパッと照らした。それは爆弾を投下する前にもぐってしまったが、翌日――一九四三年十月三十日、ずんぐりとした護送空母カードより飛び立ったアヴェンジャー雷撃機一機が、洋上で燃料を補給している二隻のUボートを発見した。

絶好のチャンスである。二隻のうち、一隻は前日取り逃がしたU91であり、他の一隻は姉妹艦のU584（五一七トン）であった。

要するに、この付近にはUボートがウヨウヨしていたのだ。ところが二隻のUボートは海底にもぐるどころか、勇敢にも機銃で応戦してきた。

そこで二五〇キロ爆弾によりU584を撃沈したが、片割れのU91は取り逃がしてしまった。

すでに日は、とっぷりと暮れ、航空機の発艦は危険なので、空母を護衛中の旧式駆逐艦ボリーを、これに指し向けたのである。

ボリーの爆雷攻撃は激しかった。爆雷の雨を受けたU405は息苦しくなって、すぐ目の前に浮上してきた。

アメリカ駆逐艦は雷撃機の取り逃がしたU91のつもりで攻撃したのだが、たまたまこの水域にあったU405がこの警戒網にひっかかり、その身代わりとなった訳だ。

一三〇〇メートルのかなただったが、ボリーのサーチライトにあかあかと照らし出された姿は、とてつもなく大きく感じられた。Uボートの機銃はプスプスとボリーの前部機関室や艦橋に突きささった。

第二次大戦の後期には「レーダーの発達により、敵のマストが水平線上に現われた時、すでに勝敗は決定している」などと誇張した海戦観が叫ばれたが、このように舷々相寄る近接戦が行なわれた理由は、Uボートは爆雷を受けて苦しくなると浮上して水上戦に移る、という戦術をとったためであろう。これが日本の潜水艦だったら、一般にそのまま海底へ沈座し続けたものだ。

二隻は並行していたので、ボリーは敵を衝突して沈めようと取舵をとると、U405も、これを避けようと同じく左舷に舵を引いた。

息づまる一瞬である。だが優速のボリーは約三五ノットの速力で、後ろからUボートの甲板に鋭い角度で衝突してそのまま乗り上げ、約一〇分間二隻は組み打ちの姿勢をとり続けた。

ボリーは二門の一〇・二センチ砲と三基の二〇ミリ機銃のみでなく、小銃や信号用のピストルまで持ち出して応戦した。機銃座に走りかけたドイツ水兵に対して、艦橋からナイフを投げた者さえいた。

航空機や電波兵器の発達した時代の海戦とは似ても似つかぬ戦闘だ。まさに中世期や古代における帆前船の海戦さながらである。

やっと駆逐艦の下から這い出したU405は、急カーブをえがいて追跡をよける。だが速力の速いボリーはとてもこのように身軽に転舵できないから、思うように追突できない。高速の戦闘機が、かえって旋回性能の悪いのと同じ原理だ。

もしUボートがフランス潜水艦のように、回転式の舷外発射管を持っていたら、この時アメリカ駆逐艦に一泡吹かせることができたかも知れない。

他方、ボリーも数回魚雷を発射したが一発も命中しない。そこで衝突を断念したアメリカ駆逐艦は、U405の行く手に先回りして、水上の敵に浅海用爆雷三個を投げつけた。

陸上の乗物と違って船にはブレーキというものがない。目の前にモクモクと立ちはだかった水柱を見て、U405はただちにエンジンを逆転させ、あと戻りしようとした。タービン機関と違ってディーゼル機関は後進が容易なのだ。

数分後、Uボートの艦橋に一〇・二センチ砲弾が命中して、ついに十一月一日の早朝二時五十七分、沈没して行ったU405は水中で大爆発を起こしたのだ。

だが約七〇分間の戦いで、ボリーの船体も手痛く破損してしまった。Uボートの背中に乗り上げた時、艦首の水線下にひびが入ってしまったのだ。ボリーの浸水ははなはだしく、不要物を海中に投げ捨てて船体を軽くしたが及ばず、救援に駆けつけた旧式駆逐艦バリーとゴッフとに見守られながら、翌二日、はげしい波にもまれて沈んで行った。

結局、U405もボリーも共に沈んでしまったが、白兵戦でドイツ側は三〇名の死者を出したのに対し、アメリカ駆逐艦には一名の犠牲者も出さなかった。

艦齢二三年の四本煙突の艦が、比較的新型のⅦC型Uボートと相打ちとなった点に興味がある。

ボリーは沈んだけれど、この功績が十一月十日、ルーズヴェルト大統領に報告されるという名誉をになったのである。

一九四四年の初春、ドイツ潜水艦U66（一一二〇トン）は、第九回目の通商破壊に出かけた。このⅨC型の潜水艦は、ドイツ海軍としては大型の部に属するもので、遠く南大西洋にまで出撃しては連合軍の船団を狙っていた。

当時、連合軍による北フランス、ノルマンディー上陸作戦が予想され、護衛艦がこの方面に集結していたので、ドイツ海軍のデーニッツ元帥はその反対に、インド洋や南大西洋の船団護衛が手薄になるだろうと予想し、大型潜水艦をこの方面に出動させていたのだ。

すでに作戦行動を終え、帰国の途についたU66は、途中、燃料と食糧、消耗品などの補給を同型のU188から受ける予定で、僚艦の姿を探し求めていた。

大西洋は太平洋と違って多くの島々に恵まれない。だからこの方面の対潜哨戒飛行はもっぱら、護送空母の搭載機によって行なわれた。この空母機の哨戒は次第に厳重となり、Uボートはほとんど浮上の機会にありつけぬことさえあった。

U66もその一つで、潜航用の電池を使い果たし、乗組員の健康、精神状態も決して健全とは言えなかった。

たとえ味方のU188と合同できたとしても、ゆっくりと洋上補給を受けられるかと、危ぶまれたほど、哨戒機は頻繁に飛んで来た。

先のボリー対U405の決闘の七ヵ月後、一九四四年五月五日の深夜、ポッカリと浮上すると、偶然にも米護送空母ブロック・アイランドのわずか四五〇メートルの距離ではないか!

両軍共に、これにはあっけにとられた。

航空母艦は全速力で逃げ出し、U66も上空のアヴェンジャー雷撃機に気づいてすぐ潜没してしまった。だがU66の艦長は、敵機がいっこうに爆弾を落としそうな気配がないので、早く浮上して蓄電池に充電し、味方潜水艦より補給を受けようと焦っていた。そこで浮上したUボートは三時八分、真紅の照明弾三発を撃ち上げ、U188に合図をした。

ところが突然、U66は闇の中から艦橋構造物に命中弾を受けて愕然とした。米護送駆逐艦バックレイが七・六センチ砲で闇夜の中からレーダー射撃を開始し、しかも初弾から命中するという好成績を上げたのだ。

アメリカの護送空母ブロック・アイランド。搭載機28機、最大18ノット。

U66もすぐ各一基の一〇・五センチ砲、三七ミリ、二〇ミリ機銃で応えたが射撃は不正確であった。

実をいうとこの敵はアメリカの第二十一機動部隊の第十一部隊であり、次の五隻より成っていた。

護送空母ブロック・アイランド（一万二〇〇〇トン）（旗艦）

護送駆逐艦アーレンズ（一四〇〇トン）

〃　バックレイ（〃）

〃　ユージン・E・エルモアー（一四五〇トン）

〃　バール（一四〇〇トン）

彼らは護送空母クロアタンの機動部隊とケープヴェルデ島付近で交代し、東南大西洋のUボート補給海面を警戒すべく四月二十二日、アメリカのノーフォーク港を出港し、アゾレス群島沖合で作戦中のものであった。

二隻の護送駆逐艦のうち、アーレンズとエルモアーの二隻は、はるか前方の対潜哨戒に出かけ、バールとバックレイとが護送空母を守っていたのだ。

バールは空母を守って退去したので、バックレイ一隻のみが音響魚雷を防ぐ発信機〝フォクサー〟を艦尾から曳航しながら、二〇〇メートルよりU66に近づいたのである。両者の距離は、アッという間にせばまり、わずか二〇メートルに迫ってはげしい機銃戦を展開した。

バックレイは中世的な海戦法——衝突——によって敵を沈めようとした。

潜航できない潜水艦ほど、哀れなものはない。それは翼を失った小鳥のようなものだ。バックレイの艦首が重々しい音響と共にU66の左舷にしっかりと食い込んだ時、Uボートはすでに形勢利あらぬことを覚って、「総員退艦せよ！」のブザーを鳴らした。

Uボートの司令塔や甲板昇降口から数人のドイツ水兵がパラパラと飛び出して、米護送駆逐艦の前甲板に、よじ登って来るではないか！

ドイツ水兵はあとからあとからと続いて来る。アメリカ将兵はあわてて、ピストルや小銃をとりに走り、なかには握りこぶしをかためてなぐり合いをした者さえいた。

このように敵の軍艦に乗り移り、歩兵の白兵戦のごとき戦闘を演じたのは二〇世紀の海戦としてはごくめずらしい。

日露戦争の第四次旅順港攻撃に際して、わが駆逐艦四隻は二隻の敵同種艦と戦い、「漣（さざなみ）」の将兵が大破したロシア駆逐艦ステレグシチーに乗り移り、敵艦長をいきなり短剣で斬り殺した上、四名を捕虜としたことがあった。だがロシア巡洋艦ノーウイック、バーヤンの二隻

空母ブロック・アイランドの護送駆逐艦バックレイと同型のジレット。

が救助に駆けつけたのと、敵駆逐艦の浸水が甚だしかったために、ステレグシチーに旭日の軍艦旗をかかげながらも捕獲することができなかった。

さてバックレイは一分以内に後進をかけ、うるさいUボートから頭部を引き抜いた。このクラスの護送駆逐艦は電気推進だったから、比較的短時間のうちに後戻りが可能だったのだろう。

五人のドイツ水兵はこのためバックレイの艦首に取り残され、暗黒の中でしきりに、わめいているが、お互いに言葉が通じないのでどうにもならない。士官公室に侵入しようとした一人のドイツ水兵は、コーヒーカップを投げつけられてあわてて逃げ去った。

一部には、彼らが米護送駆逐艦バックレイを捕獲せんとして乗り込んで来たのではないか、という見解があるようだ。だがこの解釈はややうがちすぎた感がないでもない。

バックレイに乗り移ったドイツ兵士はほとんどが武装していなかったし、乗組員の数からいっても、約四倍の敵を相手にしなければならなかった筈だ。陸戦用の〝小道具〟は米護送駆逐艦の方が、はるかに多く持っていた。恐らく沈没寸前のU66を見捨てた彼らが、すぐ目の前の敵艦によじ登った時、アメリカ兵が意表をつかれ、艦橋から眼下の敵をトンプソン短機関銃（これはギャングがよく使う携帯用のものだ）で狙い撃ちしたり、一番砲の弾薬箱を投げつけたりしたため、混乱はさらに混乱を呼んだのではないかと推定される。

他方、U66に燃料を補給しようとして付近の海面にあったU188は、U66の苦戦を覚ったが応援に駆けつけることなく、潜航して、さっさと逃げ出してしまった。また護送空母ブロック・アイランドの搭載機も、この組み打ちを目撃したが、味方のバックレイに命中するおそれがあるので爆弾を投下することができない。仕方なく上空をグルグル旋回しながら、戦況をラジオで護送空母に逐一報告していた。こうなるとバックレイもU66も頼りになるのは自己の機銃だけだった。

主砲は目標があまりに近すぎて照準できないのだ。一度、離れたU66は、今度は自分からバックレイの右舷後部に激突して、敵の下っ腹に頭を突っ込み、やがてシューッという鈍い音を立てながらもぐって行った。

先のU405の場合と同じように、三分後にU66は水中で大爆発を起こした。これがU66の最期である。

一九四四年五月六日の早朝、三時四十分ごろであった。

わずか三〇分間の戦いではあったが、白兵戦を演じた者には数時間の長さに感じられたことであろう。右舷のスクリュー軸をUボートによって切断されてしまったバックレイは、捕虜を護送空母ブロック・アイランドに移し、第二十一機動部隊第十一部隊と分かれて翌七日、バミューダ島を経由してニューヨーク海軍工廠へと向かった。

かの激烈なる白兵戦の行なわれた時、U66の艦齢約三歳、バックレイのそれは約一歳という新鋭艦同士の格闘であり、さらに「護送駆逐艦」なる新艦種がようやく有効に使用されはじめた時代のことであった。

だがU66の仇は、十七日後、同型のU549によってみごと討たれた。

大体、バックレイをU66の所まで誘導したのは護送空母ブロック・アイランドの搭載機にほかならない。対潜警備を終わってアフリカのカサブランカに向かう途中、ブロック・アイランドはU549の魚雷五本を受けて、ダカール沖に沈没し果てたのである。

この二つの白兵戦は、どちらもUボートが浮上せざるを得ぬ状態に陥って、初めて実現したものであることを知っておく必要があろう。

本書は、昭和六十一年七月、朝日ソノラマ刊行の「第二次大戦海戦小史」に加筆、訂正しました
文庫本　平成十六年二月「大西洋・地中海の戦い」光人社刊
平成三十一年一月　改題「大西洋・地中海16の戦い」潮書房光人新社刊

NF文庫

大西洋・地中海16の戦い

二〇一九年一月二十三日 第一刷発行

著 者 木俣滋郎

発行者 皆川豪志

発行所 株式会社 潮書房光人新社

〒100-8077 東京都千代田区大手町一-七-二

電話/〇三-六二八一-九八九一(代)

印刷・製本 凸版印刷株式会社

定価はカバーに表示してあります
乱丁・落丁のものはお取りかえ
致します。本文は中性紙を使用

ISBN978-4-7698-3104-4 C0195

http://www.kojinsha.co.jp

NF文庫

刊行のことば

第二次世界大戦の戦火が熄んで五〇年——その間、小社は夥しい数の戦争の記録を渉猟し、発掘し、常に公正なる立場を貫いて書誌とし、大方の絶讃を博して今日に及ぶが、その源は、散華された世代への熱き思い入れであり、同時に、その記録を誌して平和の礎とし、後世に伝えんとするにある。

小社の出版物は、戦記、伝記、文学、エッセイ、写真集、その他、すでに一、〇〇〇点を越え、加えて戦後五〇年になんなんとするを契機として、「光人社NF（ノンフィクション）文庫」を創刊して、読者諸賢の熱烈要望におこたえする次第である。人生のバイブルとして、心弱きときの活性の糧として、散華の世代からの感動の肉声に、あなたもぜひ、耳を傾けて下さい。